스티븐 호킹

위대한 지성의 삶과 업적

소우주

옮긴이 장정문

이화여자대학교 영문학과 졸업 후 외국계 기업에서 근무했으며 현재 전문 번역가로 활동하고 있다. 옮긴 책으로 『일상에 숨겨진 수학 이야기』, 『주기율표』 등이 있다.

감수 김항배

서울대학교 물리학과를 졸업하고 같은 대학원에서 입자물리학 이론으로 박사 학위를 받았다. 마드리드 자치대학교, 한국과학기술원, 랭커스터 대학교, 로잔 공과대학교에서 박사 후 연구원을 지냈으며, 현재 한양대학교 물리학과 교수로 있다. 입자물리학 현상론, 우주론, 암흑 물질, 우주선 등의 주제로 다수의 논문을 발표했으며, 입자천체물리학과 우주론에 대한 연구를 하고 있다. 한국물리학회, 아태이론물리센터 등이 주최하는 대중 강연도 하고 있다. 저서로는 『우주, 시공간과 물질』이 있다.

스티븐 호킹: 위대한 지성의 삶과 업적

초판 1쇄 발행 2018년 11월 15일

지은이 마커스 초운
옮긴이 장정문
감수 김항배
편집 류은영
펴낸이 김성현
펴낸곳 소우주출판사

등록 2016년 12월 27일 제 563-2016-000092호
주소 경기도 용인시 기흥구 보정로 30, 136-902
전화 010-2508-1532
이메일 sowoojoopub@gmail.com

ISBN 979-11-960577-6-3 (03420)

정가 16,000원

EDITORIAL
Editor Daniel Bennett
Managing editor Alice Lipscombe-Southwell
Production editors Rob Banino, Russell Deeks

ART & PICTURES
Art editor Joe Eden
Designers Steve Boswell, Seth Singh
Picture editor James Cutmore

PRESS AND PUBLIC RELATIONS
Press officer Carolyn Wray
carolyn.wray@immediate.co.uk

PRODUCTION
Production director Sarah Powell
Senior production co-ordinator
Derrick Andrews
Reprographics Tony Hunt, Chris Sutch

PUBLISHING
Commercial director Jemima Dixon
Content director Dave Musgrove
Publishing director Andy Healy
Managing director Andy Marshall

BBC WORLDWIDE, UK PUBLISHING
Director of editorial governance Nicholas Brett
Director of consumer products and publishing
Andrew Moultrie
Head of UK publishing Chris Kerwin
Publisher Mandy Thwaites
Publishing coordinator Eva Abramik
Contact UK.Publishing@bbc.com
bbcworldwide.com/uk--anz/ukpublishing.aspx

CIRCULATION / ADVERTISING
Circulation manager Rob Brock

장애를 극복하고 우주와 당당히 맞서다

2018년 3월, 물리학계의 큰 별이 졌습니다. 전 세계에서 가장 유명한 과학자이자 가장 어울리지 않을 법한 문화적 아이콘이었던 스티븐 호킹 박사가 지난 3월 14일 케임브리지의 자택에서 영면한 것입니다. 이후 저는 그를 알고 지냈던 사람들과 대화를 나누면서 한 가지 분명한 사실을 깨닫게 되었습니다. 이는 바로 호킹이 고집스러운 사람이라는 것입니다. 물론, 모두 알고 있는 바와 같이 그는 재미있고 똑똑한 사람입니다. 하지만 가까이서 그를 접한 사람이 아니라면 호킹의 명성으로 인해 그가 지닌 천재성의 가장 중요한 요소를 보지 못했을 수도 있습니다. 그것은 바로 열정과 끈기입니다.

호킹은 질병에 굴복하지 않았습니다. 60번째 생일날, 전동 휠체어를 과속으로 운전하다가 다리가 부러지기도 했으니 말 그대로 '질병으로 인해 속도를 늦추지는 않았다'고도 할 수 있겠죠. 그는 전 세계를 여행했고, 심지어 무중력 상태를 체험하기도 했습니다.

그의 굳은 의지는 때로 그의 동료들을 힘들게 하기도 했지만, 수년 동안의 집필 활동을 가능하게 한 원동력이 되었으며 덕분에 우주의 경이로움을 다른 이들과 나눌 수 있었습니다. 그가 이룬 업적의 기반이 되는 수학적 문제의 해결은 번뜩이는 영감의 순간에서 비롯된 것이 아니라 이러한 의지력의 산물일 겁니다.

흥미롭게도 호킹의 이러한 기질은 아인슈타인을 닮았습니다. 아인슈타인은 스스로에 대해 이런 말을 한 적이 있습니다. "내게 재능이 있다면 그건 아마도 고집불통이라는 점일 겁니다." 우리가 호킹에게서 배울 점이 반드시 블랙홀의 성질이나 특이점의 기원과 같은 거창할 것일 필요는 없습니다. 다만 약간의 고집은 때로 도움이 된다는 사실인 거죠.

대니엘 베넷, 편집자

저 자

헤일리 베넷
과학 저술가.
운동신경질환의 병리에 관해 설명하며, 이를 진단하고 치료하는 과정에서의 어려움을 기술했다.

피터 벤틀리
런던대학 컴퓨터공학과 교수.
호킹의 음성 합성에 관한 기술적인 부분을 서술했다.

마커스 초운
이 책의 대표 저자이자 천문학자.
호킹의 삶에서 가장 중요한 이론과 저작에 관해 안내했다.

브라이언 클렉
과학 저술가.
인류의 미래에 대한 호킹의 낙관적 견해와 비관적 견해를 함께 살펴봤다.

샬롯 슬레이
켄트대학 역사학과 교수.
호킹의 성취를 영국의 위대한 사상가들의 업적과 비교했다.

감수의 글

– 김항배 (한양대학교 물리학과 교수)

2018년 3월 14일 스티븐 호킹 교수가 세상을 떠났습니다. 20대에 시작된 불치의 병과 그로 인한 신체장애를 극복하고 우주를 이해하고자 꿈꿨던 위대한 물리학자이자 살아 있는 것이 가장 큰 업적이라고 했던 불굴의 인간으로서 그는 한 시대의 대중과학의 아이콘이었습니다.

호킹과의 인연은 여느 사람들과 마찬가지로 1988년에 출판된 책 『시간의 역사』로 시작됐습니다. 당시 필자는 대학원에서 입자물리학이론을 전공하고 있었는데, 대학 신문사의 요청으로 그 책의 서평을 썼습니다. 책에 나온 일화에 호킹이 출판사 사장한테 들었다는 말이 있습니다. "교양과학서에는 수식이 하나 들어갈 때마다 판매량이 반으로 줄고 신을 한 번 언급할 때마다 두 배로 는다." 호킹은 그것을 받아들였고, 수식을 안 쓰고 말로 다 풀어 쓰는 바람에 일반인은 물론 전공자도 읽기 어려운 책이었습니다. 그런데 시간이 지나니 그 책이 베스트셀러가 되고 너무 유명해져서 의아했습니다. 아니나 다를까 사놓고 안 읽은 책으로도 유명해졌습니다. 이 읽기 쉽지 않은 책이 어떻게 대중적인 인기를 얻게 되었을까요? 제가 그 책에서 받았던 느낌을 다른 사람들도 똑같이 느꼈기 때문이라고 생각합니다. 책에서 가장 인상 깊었던 것은 닥쳐온 버거운 시련을 담담하게 대하는 그의 태도였습니다. 루게릭병 진단을 받고 호킹은 인생을 포기하려고 했는데, 사랑하는 여자 친구가 생겨서 결혼이 하고 싶어졌고, 결혼을 하려면 취직을 해서 돈을 벌어야 하고, 그러려면 학위가 필요해서 박사를 받게 됐다고 얘기합니다. 진단한 의사가 몇 년 더 못 산다고 했는데 운이 좋았던지 병의 진행이 느려지면서 연장된 삶을 이어갑니다. 그러면서 그는 자신이 하고자 했던 일들, 우주를 이해하고자 하는 연구뿐만 아니라 대중과학서의 집필, 사회활동, 문화 즐기기 등을 담담히 행동에 옮겨갑니다. 그는 독자들에게 블랙홀, 특이점, 우주와 같이 어려워 보이는 내용이라 할지라도 이렇게 견디고 헤쳐가면 결국은 깨닫게 되고, 그것이 삶의 큰 의미가 된다는 사실을 직접 보여준 것입니다. 이후에 같은 분야를 전공하다 보니 영국에서 박사후 과정 연구원을 할 때와 제주도에서 국제학회를 개최했을 때 호킹을 직접 만날 기회가 있었는데, 그의 이런 태도들을 직접 엿볼 수 있었습니다. 작년에 호킹의 박사학위 논문이 일반에 무료 공개되면서 필자는 한 과학잡지와 관련 인터뷰를 했고, 올해에는 그를 기리는 강연을 했습니다. 호킹의 삶과 업적에 대해 자세히 돌아보게 되면서 과학자로서 그리고 인간으로서 호킹의 모습을 더 잘 알게 되었고 존경심은 더 커졌습니다.

호킹 교수가 타계하고 나서 그의 삶과 업적을 다룬 책이 BBC에서 나왔는데, 제 인연이 이어졌는지 한국어판에 대한 감수를 하는 영광스런 기회를 얻었습니다. 책은 호킹과 인연이 있는 다섯 명의 작가를 동원해서 1부 삶, 2부 업적, 3부 유산의 구성으로 호킹의 삶과 업적 전반을 다룹니다. 역시 BBC에서는 허투루 만들지 않는다는 것을 보여주는 탄탄한 내용입니다. 1부에 다뤄진 호킹의 삶은 그를 가장 잘 나타내는 형용사는 '긍정적'과 '고집스런'이란 것을 잘 보여줍니다. 개인적으로 궁금하기도 했던 〈시간의 역사〉 한 권이 삶의 전환점이 되고 단숨에 아인슈타인의 뒤를 잇는 대중적인 과학자가 되는 과정과 그와 세상을 이어주던 음성합성기 등의 얘기가 흥미롭게 펼쳐집니다. 2부는 그의 과학자로서의 업적을 다룬 것으로 특이점, 블랙홀, 무경계 우주, 그리고 그의 마지막 예측이 되어버린 다중우주에 관한 얘기입니다. 마커스 초운이 모두 썼는데, 수식을 하나도 안 쓰고도 설명이 잘 되어 있어서 『시간의 역사』보다 읽기 쉽고, 웬만한 대중과학서보다 더 훌륭하다고 평가합니다. 3부는 인공지능을 비롯한 인류의 미래에 대한 호킹의 생각과 호킹은 위대한 과학자인가라는 질문에 대한 냉정한 평가 등을 담고 있습니다. 이 책은 호킹의 삶과 업적을 재미까지 더해서 제대로 담아냈습니다. 책의 제목대로 그의 책을 통해서든 강연을 통해서든 호킹을 알고 있는 사람이라면 읽고 소장하고 싶은 책입니다.

목차

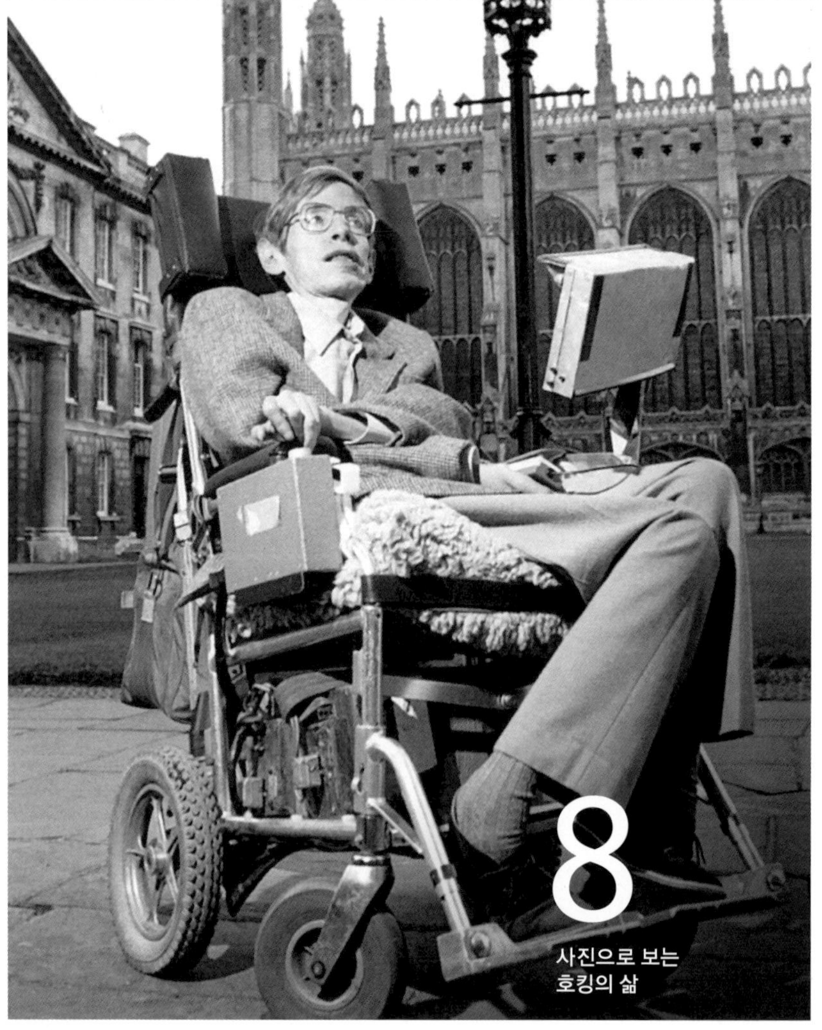

8
사진으로 보는 호킹의 삶

28
호킹에게 명성을 가져다 준 책 이야기

24
은막 속 호킹

1 부
삶

인생 이야기
20

시간의 역사
28

호킹의 목소리
36

ALS 환자의 삶
42

2 부
업적

특이점
54

블랙홀
58

무경계 우주
70

호킹의 마지막 예측
74

3 부
유산

인류의 미래
80

호킹은 영국의 위대한 과학자인가?
86

호킹의 가르침
92

스티븐 호킹의 말
100

86
호킹의 위상

54
특이점으로
인해 제기된
문제와의 사투

74
호킹과 헤르토흐,
그리고 다중우주

빅뱅, 그리고
무한 회귀의 해결 방법 70

58
블랙홀에
비춰진 서광

45
ALS 치료제
개발을 위한
기금 모금

행성간 식민지:
인류 지속 계획 80

과학자 이상의 존재

호킹은 21세의 나이에 2년 밖에 더 살지 못할 것이라는 말을 들었지만, 이러한 의학적 예측을 온 몸으로 거부하며 자신의 꿈을 펼쳐 나갔다. 과학계의 찬란한 별이었던 그의 삶을 조망해 본다.

글_러셀 디크

출생
스티븐 호킹은 1942년 1월 8일 옥스퍼드에서 태어났다. 그는 4남매 중 장남이었다. 사진은 여동생 메리와 함께 찍은 것이다.

삼총사
호킹에게는 메리와 필리파 두 여동생이 있었다. 1955년, 그의 부모 프랭크와 이소벨은 넷째 에드워드를 입양했다.

1958년, 학창 시절
사립 세인트알반스학교에 다니던 호킹(좌측)은 16세 때 시계 부품과 구식 전화기의 스위치보드를 사용해 실제로 구동 가능한 컴퓨터를 만들었다.

1963년, 졸업 후
1962년, 호킹은 옥스퍼드대학에서 우등 졸업하며 자연과학 학사 학위를 취득했다. 이후 그는 케임브리지대학으로 옮겨 트리니티홀에서 대학원 과정을 시작했다. 하지만 1963년 초, 운동신경질환 중 가장 흔한 형태인 ALS로 진단되면서 그의 미래는 불투명해졌다.

1978년, 패밀리맨
호킹과 그의 첫 번째 아내 제인,
그리고 로버트와 루시. 이듬해
셋째 티모시가 태어나 이들 부
부는 세 명의 자녀를 두었다.

1979년, 영광의 금메달
1979년, 호킹은 뛰어난 업적을 남긴 과학자에게 수여되는 알베르트 아인슈타인 메달의 첫 번째 수상자가 되었다.

1988년, 유명인사들과의 만남
물리학자이자 천문학자, 작가인 아서 C 클라크(좌측)와 퀴즈쇼 〈마스터마인드〉의 사회자 매그너스 매그너슨(우측)과 함께 TV 쇼 〈마스터즈 오브 유니버스〉 세트장에서.

1984년, 스승
콜린 윌리엄스는 호킹이 조교로 채용한 대학원생 중 한 명이었다. 윌리엄스는 현재 양자 컴퓨터 분야의 대가이다.

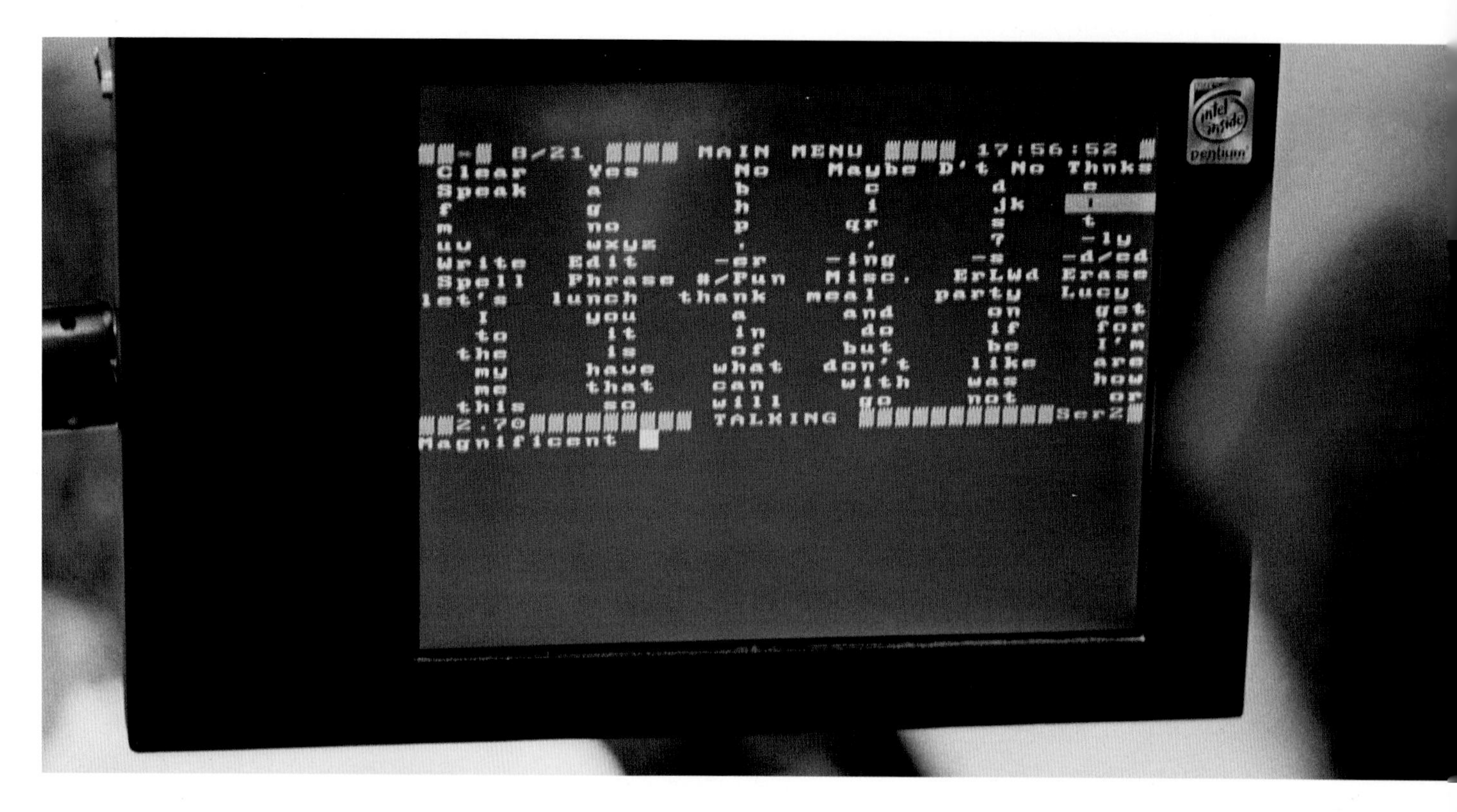

목소리를 내다
1985년, 호킹은 폐렴으로 기관 절개술을 시행해야 했고 이로 인해 목소리를 잃었다. 이후 그는 나날이 정교해지는 컴퓨터 기기들을 이용해 의사소통을 했다. 나중에는 실제 그의 음성과 거의 유사한 목소리도 구현할 수 있었지만, 그는 끝까지 미국식 억양의 로봇 같은 목소리를 고집했다.

1988년, 『시간의 역사』
1982년, 호킹은 부수입을 얻을 목적으로 대중 과학서 집필을 시작했다. 수년간의 편집 및 교정 작업을 거쳐 1988년, 마침내 『시간의 역사』가 출간되었다. 이 책은 전 세계적인 베스트셀러에 등극했고, 덕분에 호킹은 유명 인사가 되었다.

1988년, 교수 시절
호킹은 아이작 뉴턴과 찰스 배비지의 뒤를 이어 1979년부터 2009년까지 케임브리지대학 수학과의 루카시안 석좌교수에 임명되었다.

연구 중인 천재
1980년대 후반 케임브리지 대학의 연구실에서.

1998년, 대통령과 함께
1998년 3월 6일, 백악관에서 미국의 빌 클린턴 대통령과 함께 과학의 미래에 관해 논의하고 있는 호킹

1993년, 스타 트렉
호킹은 〈스타 트렉: 더 넥스트 제너레이션〉에 홀로그램의 형태로 출연해 안드로이드 대원인 데이타, 그리고 홀로그램으로 형상화된 아이작 뉴턴 및 알베르트 아인슈타인과 포커 게임을 했다

2012년, 짜잔!
〈빅뱅이론〉에서 셸든 역을 연기한 짐 파슨과 함께. 호킹은 이 시트콤에 6번 이상 출연했다.

1995년, 신랑과 신부
케임브리지에서 열린 그의 담당 간호사 일레인 메이슨과의 두 번째 결혼식. 이들 커플은 2006년에 이혼했다.

1997년, 깔끔한 차림의 괴짜들
케임브리지대학에서 마이크로소프트사의 설립자 빌 게이츠와 함께. 게이츠는 새로운 연구 센터 건립을 위해 8,000만 달러를 기부했다.

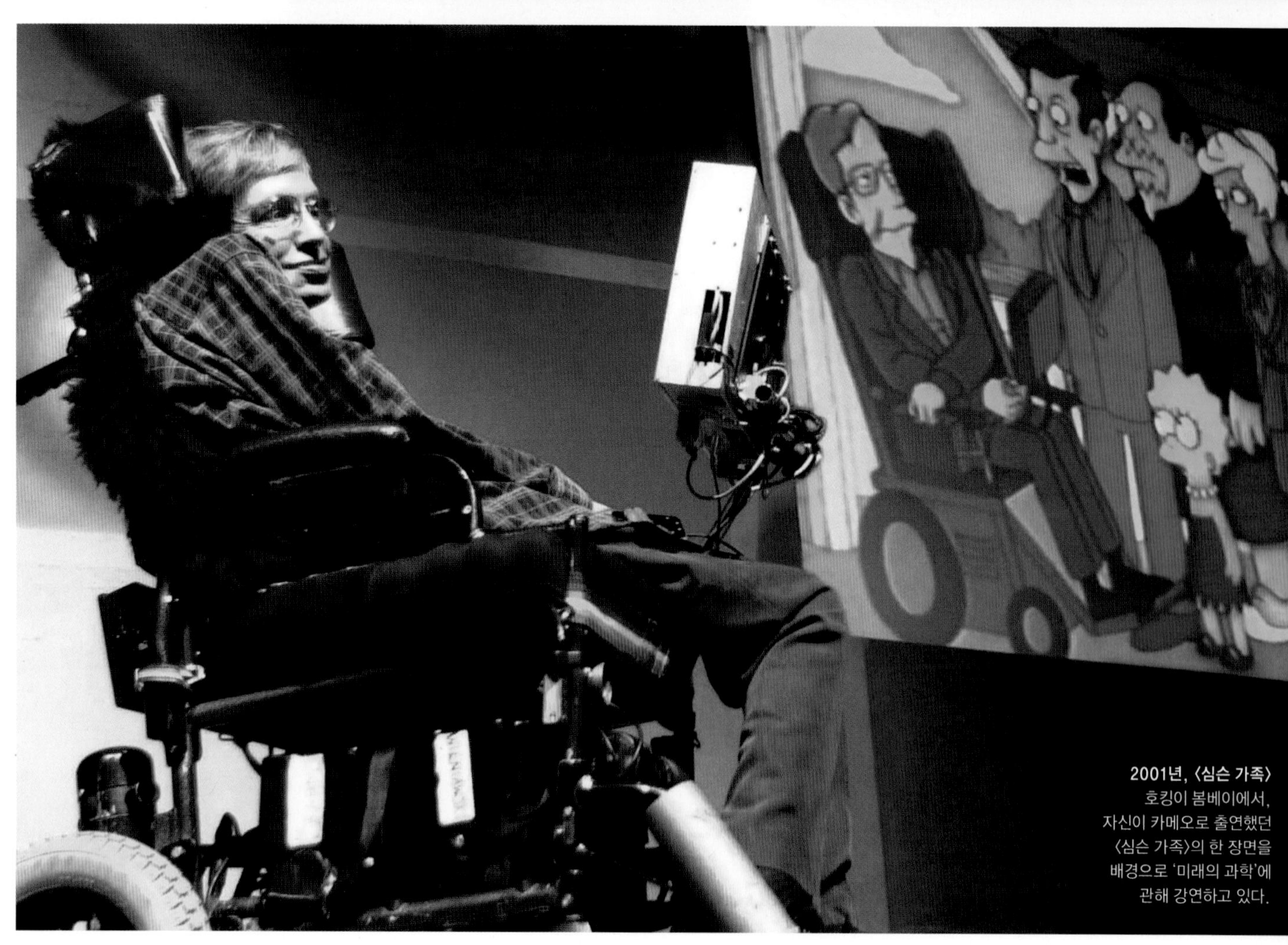

2001년, 〈심슨 가족〉
호킹이 봄베이에서, 자신이 카메오로 출연했던 〈심슨 가족〉의 한 장면을 배경으로 '미래의 과학'에 관해 강연하고 있다.

1991년, 영화 배우
에롤 모리스의 1991년 영화 〈시간의 역사〉는 호킹의 삶을 조명한 첫 번째 영화였고, 주요 배역들은 실제 인물들이 연기했다.

2007년, 날아 오르다
2007년 4월 26일, 호킹은 제로 그래비티 코퍼레이션이 운영하는 여객기에 탑승해 무중력 상태를 체험했다. 그의 얼굴 표정이 모든 것을 말해 준다.

2008년, 요하네스버그
호킹은 전 남아프리카공화국 대통령인 넬슨 만델라와 만났다. 그는 IT 업계 거부들로부터 기부 받은 7,500만 달러를 사용해 남아프리카공화국에서의 새로운 연구 단지 조성을 돕기로 했다.

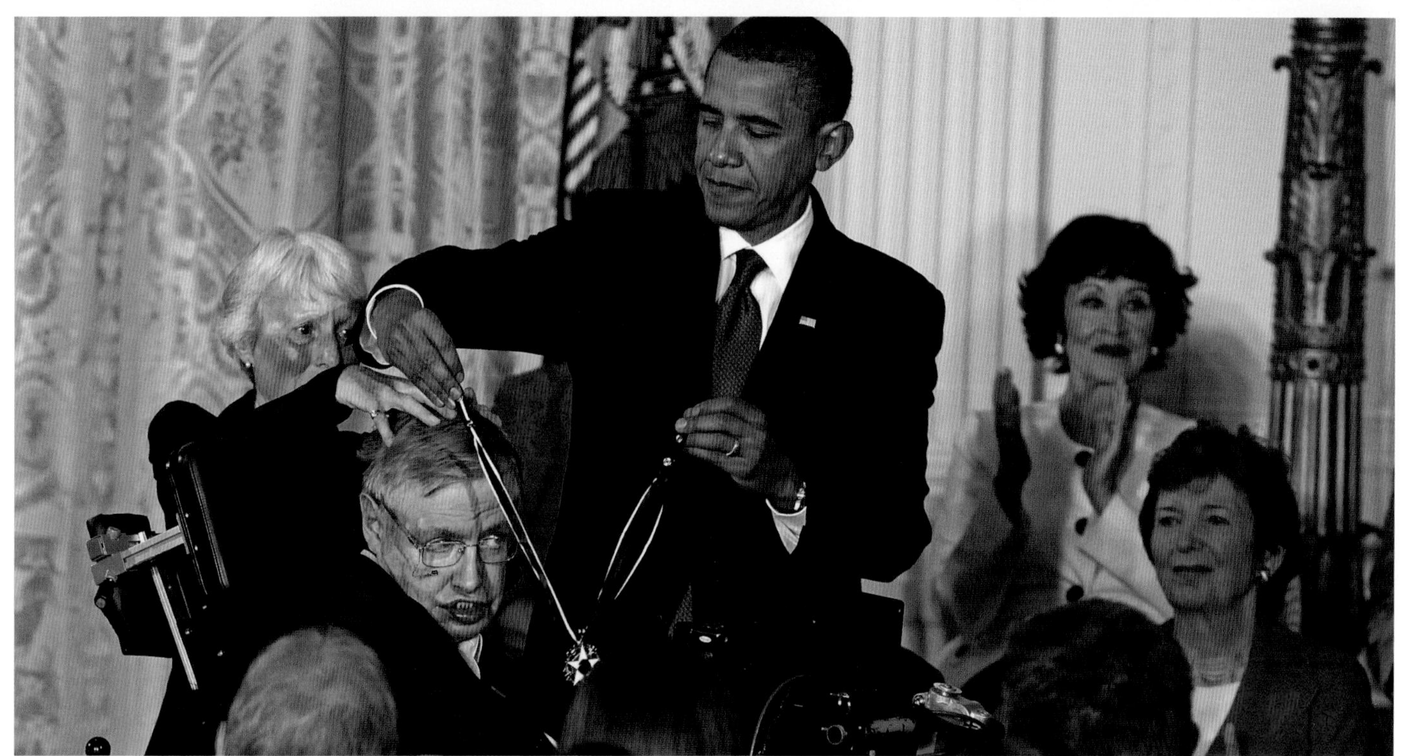

2009년, 블루 리본
미국 대통령 버락 오바마로부터 '미국 대통령 자유 메달'을 수여받았다. 이는 미국에서 일반 시민이 받을 수 있는 가장 영예로운 메달이다.

2014년, 여왕과의 만남
장애 자선 기금 모금을 위해 세인트 제임스 궁전에서 열린 만찬회에서 영국의 여왕 엘리자베스 2세와 만났다.

2016년, 선행 나누기
2016년, 호킹은 대중의 과학 이해에 공헌한 사람에게 수여하는 스티븐 호킹 메달을 제정했다.

2018년, 마지막
호킹이 1967년부터 재직했던 케임브리지의 곤빌 앤드 캐이어스 칼리지 게시판에 붙은 그의 부고.
"스티븐 호킹 교수의 사망을 추모하기 위해 금일 조기(弔旗)를 게양합니다."

1부

호킹의 삶

호킹은 삶의 대부분을 운동신경질환과 투쟁하며 보냈다.
이 질환은 호킹의 보행 능력과 목소리까지 빼앗아 갔지만 그의 존재마저 부정할 수는 없었다.
그는 연구자로서의 삶뿐만 아니라 사생활에서도 다양성과 풍요로움을 고집스럽게 추구했다.

호킹의 인생 이야기 – 옥스퍼드, 케임브리지, 그리고 그 이후 P20
시간의 역사 – 그의 대표작 이야기 P28
호킹의 목소리 – 인간의 사고, 컴퓨터의 목소리 P36
ALS 환자의 삶 – 진단과 치료 P42

intel

호킹의 인생 이야기

영국이 낳은 위대한 과학자 스티븐 호킹의 인생을 조망하다

글_마커스 초운

비록 노벨상을 수상하지는 못했지만, 스티븐 호킹은 이 시대의 가장 창의적이면서 영향력 있는 물리학자 중 한 명이었다. 호킹은 출판업계에 센세이션을 불러 일으켰던 대중과학서도 저술하였는데, 놀랍게도 이 책은 베스트셀러임에도 불구하고 가장 읽히지 않은 책이기도 했다. 질병으로 인해 그의 몸은 서서히 마비되었고 마침내 휠체어에서 벗어나지 못하는 신세가 되었지만, 마음만큼은 광활한 우주를 자유롭게 드나들 수 있었다. 이는 그의 비범한 인생의 역설적인 모습을 보여주는 단면이라 할 수 있다.

호킹은 옥스퍼드대학 재학 시절을 통틀어 1,000시간 정도만 공부했다고 말했다. 하지만 그는 ALS 진단을 계기로 연구에 매진하게 되었다.

호킹은 1942년 1월 8일, 독일군의 공습으로 쑥대밭이 된 런던에서 태어났다. 그의 생일은 갈릴레이가 사망한 지 정확히 300년 되는 날이었고, 호킹은 여기에 상당한 의미를 부여했다. 의사가 되길 원했던 아버지의 기대에도 불구하고, 그는 스승의 영향으로 옥스퍼드대학에 진학해 물리학을 전공했다. 호킹은 학창 시절에 다소 게으른 학생이었다고 고백했다. 이후 박사 학위 취득을 위해 케임브리지대학으로 자리를 옮겼고, 당시로서는 그다지 유망한 분야라 할 수 없었던 일반상대성이론을 연구했다. 이는 아인슈타인의 중력이론으로, 여기서는 중력을 우리 눈에 보이지 않는 4차원 시공간의 뒤틀림warpage에 의해 생성되는 힘으로 간주한다.

삶의 전환점

1962년 크리스마스, 호킹은 인생의 변곡점에 서 있었다. 당시 옥스퍼드대학 졸업반이었던 그는 몸 동작이 점차 둔해지는 것을 느꼈다. 케임브리지에서의 첫 학기를 마치고 집에 오자 그의 어머니는 의사를 찾아가 보라고 권했다. 호킹은 2주 동안 병원에 입원해 온갖 검사를 받았고, 1963년 초 운동신경질환motor neuron

GETTY, SWNS.COM

"호킹은 21세의 젊은 나이에 사형 선고를 받은 셈이었다. 이후 그는 수차례 우울증을 겪었지만 결코 좌절하지 않았다."

disease의 일종인 ALS[Amyotrophic Lateral Sclerosis](근육위축가쪽경화증, 일명 루게릭병으로도 불림)로 진단되었다. 신체의 움직임을 관할하는 뇌세포가 점진적으로 퇴행하는 병이었다. ALS는 초기에는 수의근 조절에만 문제가 생기지만 종국에는 반사를 조절하는 불수의근 조절 능력까지 쇠퇴하면서 사망에 이르게 되는 질환으로, 일반적으로 이 병에 걸린 환자의 평균 생존 기간은 2년에 불과하다.

호킹은 21세의 젊은 나이에 사형 선고를 받은 셈이었다. 이후 그는 수차례 우울증을 겪었지만 결코 좌절하지 않았다. 절망의 늪에서 그에게 손길을 건넨 사람은 제인 와일드[Jane Wilde]였다. 이들은 파티에서 만나 사랑에 빠졌고 1965년 결혼했다. 제인의 변함 없는 지지에 고무된 호킹은 자신에게 주어진 시간을 후회 없이 보내리라 결심하게 된다. 똑똑하긴 했지만 다소 게으른 학생이었던 그는 얼마 남지 않은 시간을 최대한 활용하기 위해 연구에 몰입했고, 그의 박사 학위 논문도 진척을 보이기 시작했다. 더욱 놀라운 것은 발병 2년째 접어들 무렵, 병의 진행 속도가 눈에 띄게 느려졌다는 사실이다. 이제 그에게 남은 시간은 2년이 넘을지도 모를 상황이었다.

학문적 결실

호킹의 첫 성과는 옥스퍼드대학의 로저 펜로즈[Roger Penrose]와의 공동 연구를 통해 이루어졌다. 이들은 공동 연구기간(1965-1970) 중 몇 가지 중요한 정리[定理]를 증명했다. 즉, 아인슈타인의 중력이론에 따르면 138억 년 전 우주의 시작인 빅뱅이 특이점[singularity]이었다는 사실을 밝혀낸 것이다(54페이지 '특이점' 참조). 특이점은 모든 물리적 양이 무한대를 향하는 불가능한 지

GETTY EMILIO SEGRÈ VISUAL ARCHIVES/AIP

위: 1970년 케임브리지대학 이론천문학센터에서. 호킹은 아랫줄 맨 왼쪽에 있다. 그의 왼쪽에는 천문학자인 버지니아 트림블과 마틴 리스(현재 왕립 천문대장)가 앉아 있고, 한 자리 건너 프레드 호일이 자리하고 있다.

왼쪽: 『시간의 역사』의 출간으로 명성을 얻은 지 2년 후인 1990년, 케임브리지대학에서의 호킹.

점으로, 이는 곧 아인슈타인의 중력이론이 붕괴됨을 의미한다. 즉, 우주의 시작을 이해하기 위해서는 아인슈타인의 이론을 넘어서는 다른 이론이 필요한 것이다. 많은 사람들은 이를 양자중력이론quantum theory of gravity이라 생각했지만, 여러 물리학자들의 노력에도 불구하고 이 이론은 아직까지 정립되지 못했다.

1974년, 호킹은 블랙홀이 완전히 검지는 않다는 주장을 통해 다시 한 번 세상을 놀라게 했다. 비록 양자중력이론은 아니었지만, 호킹은 양자이론(원자와 아원자 입자로 이루어진 미시 세계에 관한 이론)을 사건의 지평선event horizon(블랙홀을 둘러 싸고 있으면서 내부로 떨어진 빛과 물질들이 되돌아갈 수 없는 경계)에 적용했던 것이다. 그는 쌍생성으로 입자와 반입자가 만들어지면 지평선에서 아원자 입자가 방출되며 빛이 발생한다고 했는데, 이는 추후 호킹 복사Hawking radiation라 불리게 된다(58페이지 '블랙홀' 참조).

호킹의 세 번째 업적은 1980년대 초에 발표된 우주 무경계 조건no-boundary condition universe이다(70페이지 '무경계 우주' 참조). 호킹은 현재 UC 산타바바라 소속의 미국 물리학자인 제임스 하틀James Hartle과의 공동연구를 통해, 우주 전체를 기술하는 수학 방정식인 양자 파동함수를 적고자 했다. 이들은 아인슈타인의 중력이론이 3차원 공간과 1차원 시간 대신 3차원 공간과 1차원 허수시간(공간처럼 간주되는 수학적 개념)을 갖도록 재설정할 수 있다는 사실을 깨달았다. 이는 우주의 파동함수가 오늘날에는 공간과 시간 모두에 존재하지만, 처음에는 공간에서만 시작되었을 수도 있다는 의미이다. 이로 인해 '빅뱅 이전에는 무엇이 있었을까?'와 같은 난처한 질문을 피해갈 수 있었다. 이제 이러한 질문은 '북극점의 북쪽에는 무엇이 있을까?'와 마찬가지로 무의미한 질문이 된 것이다.

모든 것을 바꾼 책

호킹과 하틀의 공동연구 기간 중, 과학 연구와 직접적으로 관련이 있지는 않지만 그의 인생에서 또 한 번의 도약을 이루어 낸 중대한 일이 일어났다. 1982년부터 대중과학서 집필을 시작했던 호킹이 1988년 『시간의 역사』라는 제목으로 책을 출간한 것이다. 이 책은 출판 역사상 전례 없는 돌풍을 일으키며 1995년 5월까지 《선데이 타임즈The Sunday Times》 베스트셀러 목록에 무려 237주 동안이나 머물렀고, 이 기록은 1998년 기네스북에 등재되었다.

호킹은 다이애나 왕세자비나 찰리 채플린, 아인슈타인에 버금가는 국제적 스타의 반열에 올랐다. 물론 일반 대중들은 온 몸이 마비된 채 휠체어에 앉아 있는 호킹의 모습과, 블랙홀의 본질 및 우주의 기원, 시간 ➔

여행의 가능성 등 우주의 신비를 밝히기 위해 사투를 벌이는 그의 모습이 이루는 극명한 대조에 상당 부분 시선을 빼앗긴 게 사실이다. 1979년, 호킹은 아이작 뉴턴과 찰스 배비지의 뒤를 이어 케임브리지대학 수학과의 루카시안 석좌교수에 임명되었다.

대중은 역경에 굴하지 않는 그의 용기와 의지에 감명받았다. 그는 영국 역사상 가장 오래 생존한 ALS 환자였지만, 가능한 평범한 삶을 원했다. 호킹은 와일드와 이혼한 후, 1995년 그의 간호사였던 일레인 메이슨Elaine Mason과 재혼했으나 몇 년 후 다시 이혼했다. 2007년에는 무중력 상태를 체험할 수 있도록 개조된 여객기인 구토혜성Vomit Comet에 탑승하기도 했다. 수십 년 만에 처음으로 휠체어의 속박에서 벗어나 환하게 미소 짓던 그의 모습은 더할 나위 없이 감동적이었다.

호킹은 1985년 여름, 응급 기관절개술을 받았고 그로 인해 목소리를 잃었다. 하지만 메이슨의 전 남편은 그를 위해 컴퓨터 음성합성기를 제작했고, 이는 곧 그의 트레이드 마크가 되었다.

평범하지 않았던 삶

호킹은 그의 명성이 가져다 주는 기회를 마음껏 즐겼다. 1993년, 그는 〈스타 트렉: 더 넥스트 제너레이션Star Trek: The Next Generation〉에 홀로그램의 형태로 출연해 아이작 뉴턴 및 알베르트 아인슈타인의 홀로그램과 포커 게임을 했다(그는 직접 자신의 배역을 맡은 유일한 인물이었다). 1995년 10월 29일에는 〈심슨 가족The Simpsons〉에도 출연했는데, 주인공 호머 심슨은 이렇게 말했다. "천체물리학에 관해 모르는 게 너무 많아. 그 휠체어 탄 사람이 쓴 책을 읽어봐야겠어." 보다 최근인 2012년에는 〈빅뱅이론The Big Bang Theory〉이라는 드라마에도 카메오로 출연해 괴짜 과학도 셸든이 쓴 논문의 오류를 지적했고, 2014년에는 브라이언 콕스Brian Cox와 함께 영국의 코미디쇼인 〈몬티 파이튼Monty Python〉에 출연하기도 했다.

그는 유머 감각 덕분에 늘 즐겁게 지낼 수 있었다. 2015년에는 데이비드 윌리엄스David Williams와 함께 〈코믹 릴리프Comic Relief〉에 출연해 매트 루카스Matt Lucas 대신 휠체어에 앉은 앤디 역을 연기했다. 그는 심지어 앤디의 유행어인 "그래, 알아(Yeah, I know)"나 "싫어(Don't like it)"를 그 특유의 목소리로 말했고, 앤디의 보호자 루 역을 맡은 윌리엄스에게 "꺼져!(Piss off!)"라고 말하기도 했다.

호킹이 보여준 삶에 대한 긍정적 태도는, 극복할 수 없는 것처럼 보이는 장애를 딛고 일어선 인간 정신의 승리라 할 수 있다. 2017년, 그는 영국왕립과학연구소Royal Institution에서 "내게 닥친 유일한 불운은 운동신경

맞은편: 1965년 10월에 완성된 호킹의 박사 학위 논문

"호킹이 보여준 삶에 대한 긍정적 태도는, 극복할 수 없는 것처럼 보이는 장애를 딛고 일어선 인간 정신의 승리라 할 수 있다."

질환이었습니다. 그것만 제외한다면 정말 운이 좋았어요"라고 말했다. 병세가 계속 악화되었음에도 불구하고 호킹은 끝까지 이러한 태도를 잃지 않았다. 음성합성기를 통해 말을 하기 위해서는 커서를 사용해 단어를 선택해야 했지만, 커서를 조절하기 위해 사용하는 근육들도 점차 마비되었다. 사망하기 수 년 전까지만 해도 호킹은 볼 근육을 움직여 단어를 선택했다. 그러나 이 근육도 결국은 마비되리라는 사실을 알고 있었기 때문에 뇌파를 통해 자신의 마음을 읽는 기기를 시험해보기도 했다.

UNIVERSITY OF CAMBRIDGE, SHUTTERSTOCK

꼭 봐야 할 영화

은막 속 호킹

호킹의 삶을 다룬 전기 영화

에디 레드메인Eddie Redmayne이 호킹 역을 맡은 2014년 영화 〈사랑에 대한 모든 것The Theory of Everything〉은 상업적으로도 대성공을 거두었을 뿐만 아니라 비평가들에게서도 호평을 받았다. 영화는 오스카상 5개 부문 후보에 올라 남우주연상의 영예를 안았으며, 영국 아카데미시상식에서는 10개 부문 후보에 올라 3개 부문을 석권했다. 이 영화는 제인 호킹이 2007년에 쓴 회고록 『무한으로의 여행: 스티븐 호킹과 함께한 인생Travelling to Infinity: My Life with Stephen』(국내에서는 『사랑에 대한 모든 것』으로 출간)을 토대로 제작되었다. 이 책은 1999년에 출간된 『별을 움직이는 음악Music to Move the Stars』(국내에서는 『스티븐 호킹, 천재와 보낸 25년』으로 출간)의 개정판으로 원저는 제인과 스티븐의 관계가 소원했을 때 쓰여졌으며, 이들이 서로 화해한 이후에(호킹의 두 번째 결혼이 막을 내린 다음) 개정판이 나왔다.

하지만 이 영화가 스티븐의 인생을 담은 첫 번째 작품은 아니다. 그 영광은 1991년 『시간의 역사』를 바탕으로 스티븐 스필버그가 제작한 영화에 돌아간다. 실제로 이 영화는 책에 관한 내용보다는 저자인 호킹에 관한 내용을 훨씬 많이 담고 있다.

ACKNOWLEDGEMENTS

I wish to thank my supervisor, Dr. D. W. Sciama for his help and advice during my period of research.

I would also like to thank Mr. B. Carter and Dr. G. F. R. Ellis for many useful discussions. I am indebted to R. G. McLenaghan for the calculation of the Bianchi Identities in Chapter 3.

The research described in this thesis was carried on while I held a Research Studentship from the D.S.I.R.

S. W. Hawking

15th October 1965 S. W. Hawking

This dissertation is my original work

S. W. Hawking

호킹은 믿을 수 없을 정도로 엄청난 에너지를 지녔으며, 이는 때때로 그의 동료들을 지치게 만들기도 했다. 나는 캘리포니아공과대학 대학원생 시절에 실외 수영장에서 수영을 하다가 호킹이 휠체어에 앉아 있는 모습을 보고 깜짝 놀랐던 기억이 있다. 얕은 쪽 풀에서는 그의 어린 아들이 친구와 함께 물을 튀기며 놀고 있었다. 1983년의 일이었는데 나는 당시 호킹의 몸 상태를 고려할 때 여행은 무리라고 생각했었다. 하지만 내 생각은 완전히 틀렸다. 호킹은 살인적인 일정을 지속적으로 소화했고, 70대가 되어서도 계속 여행을 다녔다.

20세기 가장 위대한 인물 중 한 명으로 손꼽히는 호킹은 그 명성에 걸맞게 숭배의 대상이 되기도 했다. "영광스럽게도 호킹과 세 번이나 저녁 식사를 같이 했어요. 하지만 경외심에 휩싸인 나머지 한 마디도 건네지 못했죠. 1970년대에는 러더포드 실험실 미팅에서 그와 단 한 차례 접촉한 적이 있었습니다. 제가 실수로 휠체어에 있는 버튼을 잘못 눌러 그가 튕겨져 나오고 말았답니다!" 물리학자이자 과학 저술가인 그레이엄 파멜로Graham Farmelo의 말이다.

그는 사망하기 바로 전 해에 벨기에 루뱅대학의 토마스 헤르토호Thomas Hertog와 함께 무경계 우주에서의 인플레이션inflation(급팽창)에 관해 연구했다. 여기서 인플레이션이란 빅뱅 직전에 진공 상태가 엄청나게 빠른 속도로 팽창한 기간을 말하는데, 이로 인해 여러 개의 평행우주parallel universe로 이루어진 광대한 다중우주multiverse가 생성된다. 호킹과 헤르토흐는 다중우주가 일반적인 예상보다 훨씬 작을 수 있다는 사실을 증명했으며, 더욱 중요한 점은, 사람들의 우려와 달리 이를 과학적으로 검증할 수 있을 것으로 예측했다는 사실이다(74페이지 '호킹의 마지막 예측' 참조).

아래: 호킹의 마지막 연구는 아래 그림에서와 같이, 우리가 하나가 아닌 수백만 개의 우주로 이루어진 다중우주에 살고 있을 가능성에 관한 것이었다.

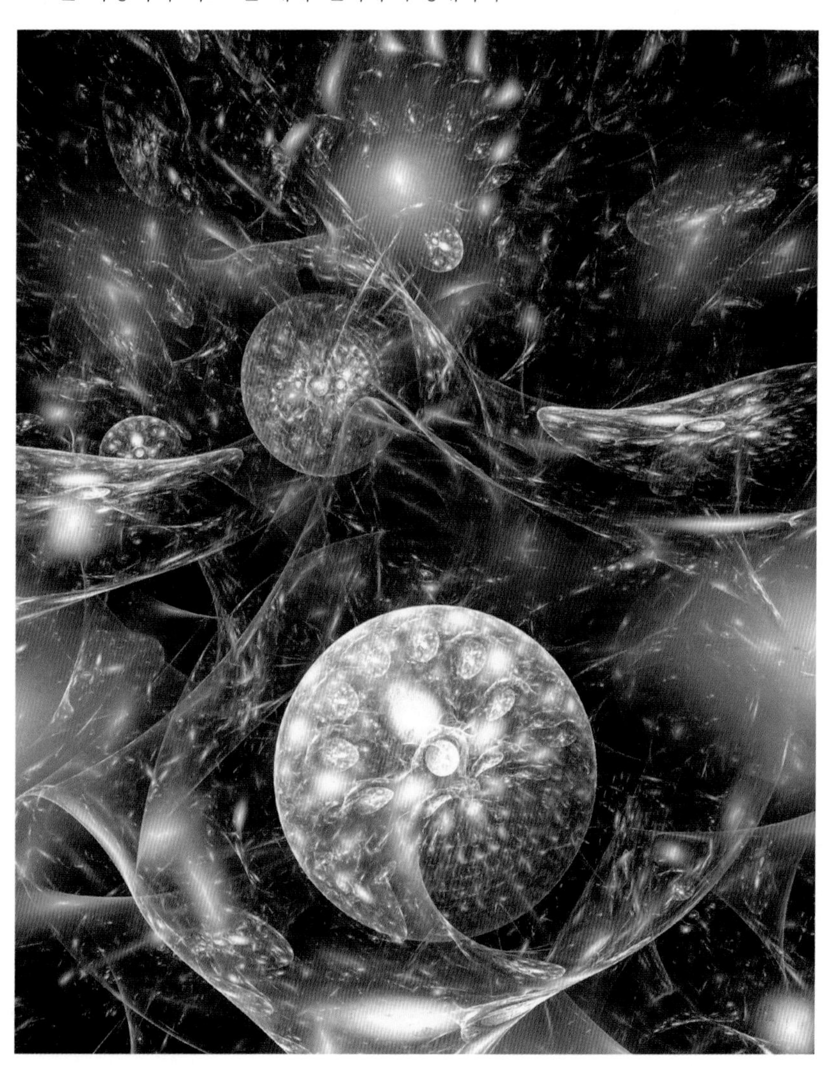

NHS를 위한 투쟁

호킹의 관심사는 물리학에만 국한되지 않았다. 영국 국가보건서비스National Health Service, NHS의 복지 정책에도 많은 시간을 할애했던 것이다. "NHS는 훌륭한 친구이자 챔피언을 잃었습니다." NHS 예산 삭감 반대 캠페인을 주도하는 의사인 닥터 루이스 얼빈은 호킹의 사망 소식을 듣고 이렇게 말했다. 호킹은 NHS로부터 받은 치료 덕분에 ALS에도 불구하고 오랫동안 생존할 수 있었다고 말하며 NHS의 민영화를 적극적으로 반대했다.

2012년, 그는 다음과 같이 말했다. "민영화를 추진하는 상업적인 관심으로부터 NHS를 보호해야 합니다. NHS 병원의 치료가 아니었다면 저는 살아남지 못했을 거예요. 우리는 이 중요한 공공의료서비스를 유지해야 하고, 공영/민영 양립 체계가 성립되는 것을 막아야 합니다."

2017년 8월 19일, 호킹은 영국왕립의학학회Royal Society of Medicine 모임에서도 NHS에 관해 열정적인 발언을 했다. 그는 영국 정부의 NHS 수정안과 민영화 위협을 비판했고, 복지부 장관인 제레미 헌트가 인용한 통계 자료는 왜곡된 것이라며 반박했다. 그는 헌트와 논쟁했고, 많은 의사들은 《가디언The Guardian》에 호킹을 지지하는 글을 기고했다.

호킹과 캠페인 집단 JR4NHS에 소속된 4명의 청구인들은, NHS에 미국식 '책임진료기구accountable care organization'를 도입하려는 정부 계획안의 위헌 여부에 관해 사법부의 심리를 요청했다. 호킹의 참여는 이 법안 심리에 대한 대중의 인식을 고취시키고 신뢰성을 높이는 데 많은 힘이 되었다(2018년 1월 29일자 《인디펜던트The Independent》의 헤드라인은 다음과 같았다. "스티븐 호킹과 의사 대표들, 제레미 헌트를 법정에 세우다").

마지막 환호?

사회적 이슈에 참여하고 물리학의 경계를 확장시키며, 호킹은 더 없이 충만한 삶을 살았다. 하지만 비범했던 그의 인생에서 호킹이 누리지 못한 한 가지 영예는 바로 노벨 물리학상 수상이다. 이는 아마도 노벨상 수상 위원회가 이론을 뒷받침하는 관측 혹은 실험적 증거를 원하기 때문일 것이다. 블랙홀은 우주에 산재해 있고 우리 은하를 포함한 모든 은하의 중심에는 엄청나게 큰 규모의 블랙홀이 존재하지만, 어느 누구도 호킹 복사를 직접 확인하지는 못했다.

하지만 과학자들은 현재 전 세계 곳곳의 실험실에서 블랙홀 지평선과 비슷한, 넘어갈 수 없는 경계를 만들며 블랙홀 유사체를 생성하고 있다. 이러한 연구가 지속된다면 지구상에서 호킹 복사를 관측하는 것은 시간 문제일 것이다. 만약 사후 노벨상 수상이 허용된다면 호킹이 수상자가 될 수 있지 않을까? F

위: 호킹이 2006년 이스라엘의 히브리대학에서 강연하고 있다.

시간의 역사

호킹은 책을 집필하는 과정에서 수많은 난관을 극복했다.
그러나 그의 이야기는 여기서 끝나지 않는다.

글_마커스 초운

위에서부터 시계방향으로: 스티븐 호킹은 1982년에 집필을 시작해 수년 간의 교정을 거쳐 마침내 1988년 책을 출간했다; 로커비 마을 상공에서 폭발한 팬암 103편 여객기의 잔해; 카일리 미노그가 자신의 싱글 앨범 'I Should be so Lucky'의 성공을 자축하고 있다; 167명이 사망한 파이퍼 알파 사고는 역사상 최악의 석유 굴착장 화재로 기록되었다.

1988년. 배우였던 카일리 미노그Kylie Minogue가 *'I Should be so Lucky'*라는 노래로 음반 차트를 휩쓸었다. 북해에서는 파이퍼 알파Piper Alpha 석유 굴착장에서 발생한 폭발 사고로 167명이 사망했고, 스코틀랜드 로커비 마을 상공을 지나던 팬암 103편 여객기는 폭탄 테러로 공중 분해되었다. 또한 발사 후 71초 만에 폭발한 챌린저 우주왕복선 이후 NASA의 첫 번째 미션인 STS-26의 우주왕복선 디스커버리호Discovery가 9월말 우주를 향해 날아올랐다. 하지만 그 해 과학계에서 가장 중요한 사건은 과학적 발견이 아니라 책의 출간이었다. 바로 『시간의 역사A Brief History of Time』였다.

블랙홀 이론에 관한 업적과 더불어, 휠체어에 의지할 수 밖에 없었던 신체적 제약으로 인해 호킹의 대중적 인지도는 점차 높아졌다. 그는 자신의 전공 분야에 관한 대중서들이 변변치 않음에 불만을 가졌고, 급기야 1982년, 이를 직접 해결해 보기로 마음먹는다. 하지만 『시간의 역사』를 출간하기까지는 오랜 준비 기간을 거쳐야 했다. 호킹이 초안을 보내면, 밴텀Bantam 출판사의 편집자는 좀 더 명료한 의미 전달을 위해 여러 요구 사항들을 다시 호킹에게 전했다. 처음에 호킹은 이러한 절차에 짜증을 내기도 했지만 결국 편집자의 방식이 옳다는 사실을 깨닫게 되었다. 실제로 이러한 피드백은 누군가가 그에게 건넨 말을 확인시켜주기도 했다. 즉, 책 속에 공식이 하나씩 추가될 때마다 독자는 절반씩 줄어든다는 것이다(결국 호킹은 이 책에서 오직 하나의 공식, $E=mc^2$만 남겼다).

책의 원고를 수차례 교정하는 과정에서 가장 큰 장애물은 바로 그의 건강 상태였다. 1985년, 스위스 제네바를 방문한 호킹은 폐렴에 걸렸다. 숨을 쉴 수조차 없는 지경에 이른 그는 응급 기관절개술을 통해 가까스로 생명을 건질 수 있었지만, 이 시술로 인해 성대로 이어지는 신경이 절단되고 말았다. 사실 그의 목소리는 이미 수년에 걸쳐 지속적으로 악화되고 있었고, 강연을 할 때에는 대학원생의 통역이 필요한 상황이었다. 하지만 이젠 정말 끝이었다. 목소리를 영영 잃어버린 것이다. 그러나 호킹은 이퀄라이저Equalizer라는 소프트웨어와 스피치 플러스Speech Plus에서 만든 음성합성기를 이용해 컴퓨터로 합성한 목소리를 얻었다. 음성합성기는 휴대용 컴퓨터에서 작동했는데, 이는 후에 호킹과 재혼한 간호사의 전 남편인 데이비드 메이슨David Mason에 의해 휠체어에 부착되었다. 이제 이 목소리는 스티븐 호킹의 목소리가 되었다. 그는 발전된 기술을 통해 좀 더 개선된 목소리로 바꿀 수도 있었지만 끝까지 이 목소리를 고집했다.

갖가지 난관에도 불구하고 마침내 호킹은 『시간의 역사』를 출간했다. 〈코스모스Cosmos〉라는 TV 다큐멘터리 시리즈의 주인공이자 당시 가장 유명한 과학 전도사였던 칼 세이건Carl Sagan이 소개글을 썼다. 책은 1988년 4월 1일에 출간되었다. 이 날짜가 불길하다고 생각하는 사람도 있을 수 있겠지만, 책은 전례 없는 성공을 거두었다. 《선데이 타임즈》 베스트셀러 목록에 237주간 머물렀고, 이 기록은 1998년 기네스북에 등재되었다. 또한 수십 개 언어로 번역되어 지금까지 천만 권 이상 판매되었다.

"이 책은 《선데이 타임즈》 베스트셀러 목록에 237주간 머물렀고, 이 기록은 1998년 기네스북에 등재되었다."

성공의 비결이 무엇인지는 누구도 단언할 수 없다. 비결을 안다면 분명 다른 책들에도 적용했을 테니까 말이다. 이는 아마도 영감을 주면서도 다소 도발적인 제목일지도 모른다. 아니면 고장 난 육체에 갇혀 있지만 자유롭게 우주를 유영하는, 비상한 두뇌의 소유자인 작가 자신이 이유인지도 모른다. 그도 아니라면 주제 자체가 너무나 흥미롭기 때문일 수도 있다.

호킹은 서문에서 다음과 같은 질문을 던졌다. "우주는 어디서 왔을까? 어떻게 시작되었고, 무엇 때문에 시작되었을까? 우주의 종말은 있을까? 만약 있다면 어떤 방식으로 찾아올까?" 오늘날 과학에서 매우 중요한 이 질문들은 과거 종교의 영역에 속했던 것들이다. 그러나 1988년에는 물리학자들이 이러한 질문을 던질 수 있게 되었고, 자신들의 세대에서 그 해답을 찾을 수 있는 가능성을 엿보게 되었다.

시작은 미약했으나 끝은 창대하리라

아인슈타인의 중력이론은 항성이나 은하, 우주와 같은 거시 세계를 대상으로 한다. 반면, 원자 및 그 구성 성분과 같은 미시 세계를 대상으로 하는 것은 양자이론이다. 이 두 이론은 각자의 영역에서는 매우 잘 들어맞는다. 하지만 거시 세계에 해당하는 우주도 초창기

아래: 케임브리지대학의 연구실에서. 호킹은 자신이 이해한 우주에 대해 세상과 소통했다.

오른쪽 아래: 작가이자 TV 다큐멘터리 시리즈 〈코스모스〉의 진행자로 유명했던 미국의 과학자 칼 세이건이 『시간의 역사』의 소개글을 썼다.

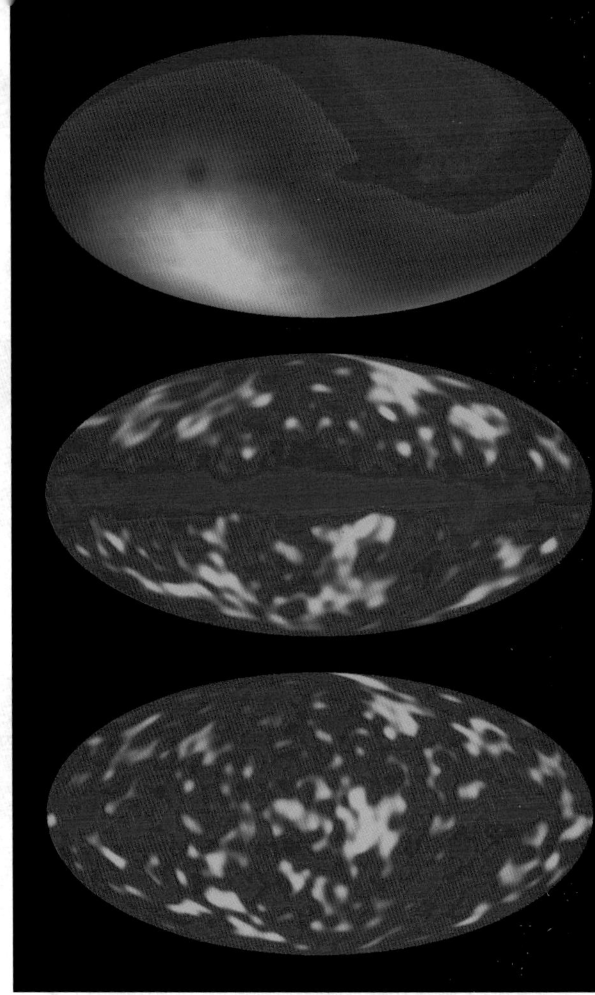

에는 원자보다 더 작았다. 우주의 기원을 이해하고 호킹이 던진 중요한 질문들에 대한 해답을 구하기 위해서는 좀 더 심오한 물리학 이론이 요구된다. 즉, 아인슈타인의 중력이론(일반상대성이론)과 양자이론을 결합한 모든 것의 이론Theory of Everything, TOE이 필요한 것이다.

호킹은 『시간의 역사』에서 중력은 물질에 의한 시공간의 뒤틀림에 불과하다는 아인슈타인의 이론을 기술했다. 또한 일상의 거의 모든 면을 놀라운 정도로 정확하게 설명하는 양자이론도 기술했다. 그는 책의 마지막 부분에서, 아직은 상당 부분 추측에 불과하지만 모든 것의 이론 발견에 이르는 발판이 될지도 모르는 끈이론string theory도 소개했다. 이는 세상의 기본 구성요소를 10차원 시공에서 진동하는 질량-에너지의 미세한 끈으로 간주하는 것으로, 현재까지 발견된 이론 중 유일하게 상대성이론 및 양자이론 모두에 부합된다.

『시간의 역사』의 출간 이후 많은 변화가 초래되었다. 이 중 가장 큰 발전은 아마도 우주론에서의 변화일 것이다. 우주의 기원과 진화, 운명을 다루는 이 학문은 이론에 치중한 과학이었지만, 신뢰할 수 있는 데이터를 기반으로 정확성을 추구하는 분야로 변화했다. 1989년, NASA의 우주배경복사 탐사선Cosmic Background Explorer, COBE이 발사되었다. 이 탐사선에는 우주의 나이가 38만 년에 불과했을 당시의 모습을 담고 있는 가장 오래된 화석이라 할 수 있는, 빅뱅의 잔광afterglow을 연구하기 위한 실험장비가 실려 있었다. COBE의 성과 중 가장 잘 알려진 것은 우주의 미세한 온도 변동을 발견한 것이다. 이러한 우주의 잔물결이 우리가 오랫동안 찾아왔던, 오늘날의 거대한 초은하단을 만든 '씨앗'이다. 이들은 우주 역사에서 누락된 퍼즐 조각으로, 빅뱅 당시의 매끈했던 우주가 어떻게 현재와 같이 은하로 가득 찬 우주로 바뀌었는지를 알려준다.

우주배경복사 탐사선은 그 뒤를 이은 윌킨슨 마이크로파 비등방성 탐사선Wilkinson Microwave Anisotropy Probe, WMAP과 더불어 우주론의 전성 시대를 열었다. 창조의 잔광을 관찰한 것은 빅뱅 모델을 입증했지만, 1998년 또 다른 발견이 우주론의 중심을 강타했다. 바로 암흑 에너지dark energy였다. 암흑 에너지는 눈에 보이지 않지만 공간을 채우고 있으며, 이로 인한 척력repulsive gravity이 우주의 팽창을 가속하고 있다. 하지만 암흑 에너지가 무엇인지는 아무도 알지 못한다. 현재 현대 물리학의 최고봉이라 할 수 있는 양자이론은 암흑 에너지를 10^{120}배나 과대 평가한다. 이는 과학 역사상 관측치와 예측치의 괴리가 가장 큰 경우로, 우주에 관한 우리의 이해가 어디선가 완전히 잘못되었음을 나타낸다.

아이러니하게도 호킹은 암흑 에너지가 발견되기 직전, 물리학자들이 모든 물리적 현상을 일련의 방정식으로 승화시킨 모든 것의 이론 발견에 근접했다고 주장했다. 이를 통해 호킹 역시 유사한 예측으로 입장이 곤란해진 수많은 과학자들 무리에 합류했으며, 자신이 결코 완벽한 존재가 아님을 드러냈다. 암흑 에너지는 우주 전체 질량-에너지의 68.3%를 차지한다. 불과 20년 전만 하더라도 인류는 우주의 가장 큰 부분을 차지하는 구성 요소를 완전히 간과했던 것이다!

왼쪽 위: NASA는 빅뱅의 잔광인 적외선 및 마이크로파 복사를 측정하기 위해 우주배경복사 탐사선을 발사했다.

위: 우주배경복사 탐사선이 수집한 데이터는 최초의 우주 '아기 시절 사진'이라 할 수 있는 빅뱅의 잔재 이미지를 만드는 데 사용되었다.

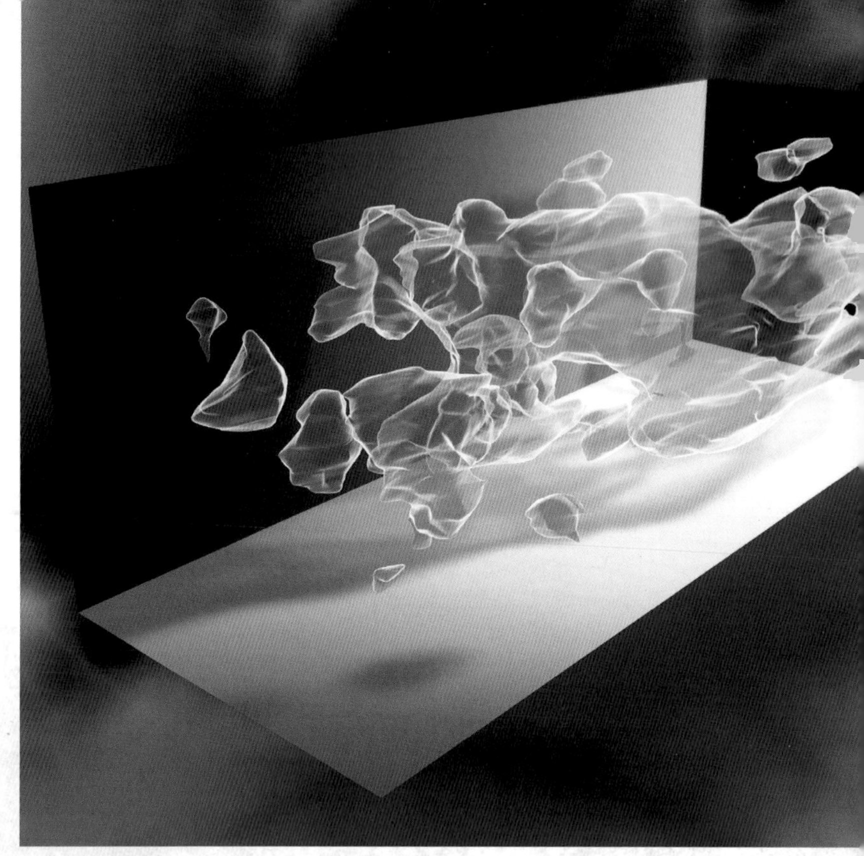

위: 지상의 중력파 검출기가 13억 년 전, 두 블랙홀의 결합으로 인해 생성된 잔물결을 잡아내는 데 성공했다.

오른쪽 위: 우주의 단면을 관통하고 있는 암흑 물질의 분포를 나타내는 3D 지도

맞은편: 1970년대 후반, 케임브리지대학에서 연구 중인 호킹. 당시 그는 운동신경질환으로 인해 이미 걸을 수 없는 상태였지만 아직 말은 할 수 있었다.

무너진 희망

모든 것의 이론에 대한 탐구는 호킹의 예상보다 훨씬 어려운 것으로 드러났다. 1984년, 런던의 퀸메리대학 소속 마이클 그린Michael Green과 패서디나의 캘리포니아공과대학 소속 존 슈왈츠John Schwarz는 끈이론을 통해 합리적인 예측이 가능하다는 사실을 처음으로 입증했다. 그리고 이는 호킹의 『시간의 역사』 집필에 대한 열정을 불러 일으켰다. 호킹을 포함한 다수의 과학자들은 끈이론을 통해 자연의 기본 입자 및 힘의 질량과 강도를 명확히 규명할 수 있을 것으로 기대했다. 하지만 불행히도 각각 다른 입자와 힘을 지닌 끈이론이 적어도 10^{500}개가 존재한다는 사실이 최근 이론물리학자들에 의해 발견되면서 이러한 희망은 사라져 버렸다.

이러한 소위 '초끈 지형string landscape'은 '다중우주'의 존재 가능성을 시사한다. 다중우주는 평행우주의 광대한 총체를 말하며, 1988년 이후 이 개념을 지지하는 물리학자들이 증가하고 있다. 직접 관측할 수 없는 시공의 영역을 추론하는 것에 거부감을 갖는 물리학자들도 존재하지만, 우리의 우주가 유일한 것이 아니라는 사실을 보여주는 여러 증거를 받아들이는 물리학자들도 있다.

1988년 이래로 정상 초신성의 백만 배에 달하는 에너지를 분출하는 것으로 알려진 감마선 폭발gamma-ray burster과 암흑 물질dark matter의 중요성 또한 부각되었다. 1988년에 이미 그 존재가 알려져 있었던 암흑 물질은 암흑 에너지와 더불어 오늘날 빅뱅 모델의 중심이 된다. 암흑 물질이 정확히 무엇인지는 아무도 알지 못한다. 아직 발견되지 않은 아원자입자일 수도 있고, 목성의 질량을 지닌 냉장고 크기의 블랙홀일 수도 있다. 그러나 암흑 물질은 관측 가능한 항성이나 은하에 비해 6배 정도 더 무겁다. 암흑 물질이 무엇인지 밝혀내는 사람은 분명 노벨상을 수상할 것이다.

"이를 통해 호킹 역시 유사한 예측으로 입장이 곤란해진 수많은 과학자들 무리에 합류했으며, 자신이 결코 완벽한 존재가 아님을 드러냈다."

『시간의 역사』의 출간 이후 블랙홀에 대한 연구가 전성기를 맞이했다는 사실에는 의심의 여지가 없다. 1988년 10여 개에 불과했던 우리 은하 내의 블랙홀 후보는 현재 100개에 근접한다. 더욱 중요한 것은 1990년대, NASA의 허블우주망원경Hubble Space Telescope을 통해 모든 은하의 중심에는 엄청난 규모의 초대질량 블랙홀supermassive black hole이 존재한다는 사실을 밝혀냈다는 점이다. 그럼에도 불구하고 블랙홀의 존재에 대한 근거는 모두 간접적 증거뿐이었다. 즉, 무겁고 압축된 천체 주위를 빠른 속도로 도는 물질에 의해 생성된 소용돌이만 확인되었던 것이다. 하지만 2015년 9월 14일, 모든 것이 바뀌었다. 아인슈타인이 한 세기 전에 예측했던, 시공간의 잔물결인 중력파gravitational waves가 지구상에서 최초로 관측된 것이다.

세균이 지구상의 가장 복잡한 생명체이던 시절, 먼

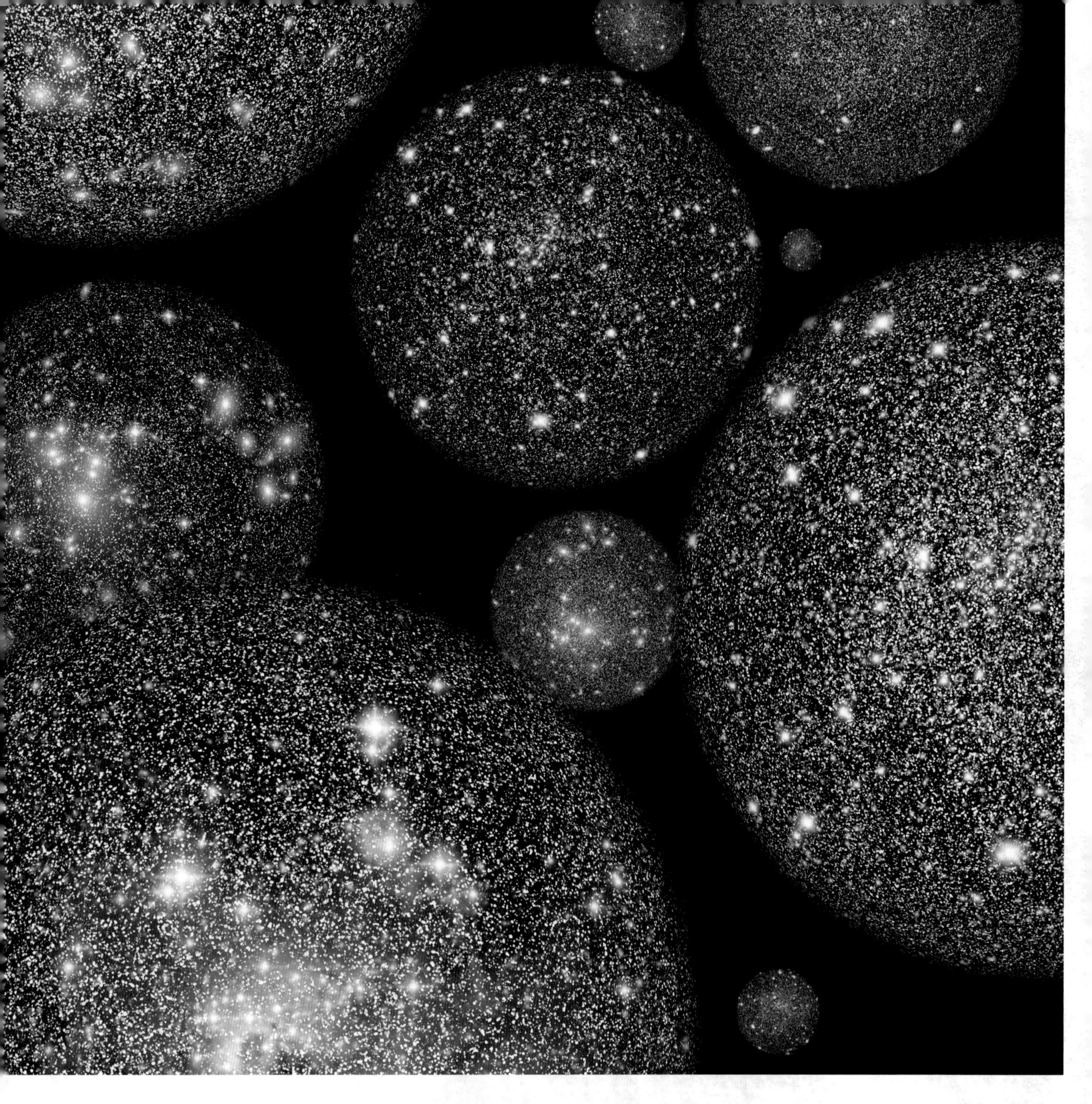

위: 끈이론의 발전은 다중우주의 존재 가능성을 시사했지만, 이로 인해 모든 것의 이론을 찾으려는 호킹의 희망이 사라졌다.

은하에서 두 개의 거대한 블랙홀이 죽음의 나선death spiral 영역에 들어섰다. 이들은 서로의 주위를 회전하면서 살짝 부딪히거나 서로 합쳐지기도 했으며, 이러한 과정에서 뒤틀린 시공의 쓰나미가 분출되었다. 사방으로 전파되는 중력파의 힘은 우주의 모든 항성에서 내뿜는 출력의 약 50배에 달했다. 달리 말해서, 만약 이들 블랙홀의 결합을 통해 중력파가 아닌 빛이 생성되었다면, 이는 우주 전체의 빛보다 50배 더 밝았을 것이다. 중력파 검출은 인간의 눈으로 목격한, 역사상 가장 강렬한 사건이라 할 수 있다.

> "인류는 처음에는 두 눈으로, 최근에는 망원경을 통해 우주를 보아 왔다. 이제 인류 역사상 최초로 우주를 들을 수 있게 되었다."

130억 년 동안 우주 공간을 물결치면서 아주 미세한 크기로 줄어든 중력파는, 두 블랙홀이 결합할 때 나온 것으로 아인슈타인이 예측했던 모습을 보였다. 마침내 블랙홀의 존재가 확실해진 것이다.

첫 번째 중력파 검출 이후 네 번의 추가적인 중력파 검출이 있었는데, 이 중 세 번은 블랙홀에서 나왔고, 한 번은 중성자별이라 알려진 초고밀도 항성에서 비롯되었다. 중력파 검출의 중요성은 아무리 강조해도

위: 호킹은 『시간의 역사』의 초고를 작성하면서 케임브리지대학에서의 강의 및 연구 활동을 병행했다.

왼쪽: 2017년 8월 17일, 중성자별 충돌로 생성된 약한 중력파가 최초로 검출되었다.

지나치지 않다. 당신이 만약 선천적 청각 장애를 가지고 태어났는데, 어느 날 갑자기 들을 수 있게 되었다고 해보자. 중력파 검출은 물리학자와 천문학자들에게 소실된 청력이 회복된 것과 마찬가지이다. 인류는 처음에는 두 눈으로, 최근에는 망원경을 통해 우주를 보아왔다. 이제 인류 역사상 최초로 우주를 들을 수 있게 되었다. 중력파가 바로 '우주의 소리'인 것이다.

현재 우리의 수준은 겨우 들을 수 있을 정도의 원시적인 보청기를 개발해 먼 곳의 천둥 소리를 잡아낸 정도에 불과하다. 하지만 중력파 검출기를 지속적으로 개선해 우주의 심포니에 귀를 기울인다면 어떤 경이로운 소리를 들을 수 있을까? 오늘날은 우주론뿐만 아니라 중력파 천문학이라는 새로운 과학 분야에 있어서도 매우 흥미로운 시기이다. 다행스럽게도 중력 물리학의 대가인 스티븐 호킹은 생전에 중력파 천문학의 탄생을 볼 수 있었다. F

호킹의 목소리

컴퓨터로 합성된 호킹의 목소리는 전 세계적으로 유명하다.
이러한 의사소통을 가능하게 하는 시스템은
어떤 원리로 작동하는 것일까?

글_피터 벤틀리

GETTY

permobil

티븐 호킹은 이론물리학과 우주론 분야의 선구자였다. 그는 과학적 업적을 통해 명성을 얻었고, 언론을 통해 자신의 의견을 개진하는 데 주저하지 않았다. 그는 이렇게 영향력 있는 목소리의 소유자였지만, 정작 그의 목소리는 컴퓨터로 만들어진 것이었다.

젊은 시절 호킹은 장래가 촉망되는 물리학자였다. 하지만 1963년 21세의 나이에 ALS라는 희귀 질환 진단을 받았다. 이는 우리 몸의 근육을 조절하는 신경이 손상되는 운동신경질환의 일종으로, 호킹의 경우는 조기에 발병하고 서서히 진행하는 매우 드문 형태에 해당했다. 호킹은 ALS 진단을 계기로 연구에 몰입해 박사 학위를 취득했고, 초기 우주에 대한 이해의 폭을 넓히는 데 지대한 공헌을 했다. 하지만 그의 육체와 목소리는 점차 약해졌고, 일을 계속하기 위해서는 그의 어둔한 말을 통역해줄 가족이나 학생의 도움이 필요한 상태가 되었다.

1985년, 모든 것이 바뀌었다. 유럽입자물리연구소CERN를 방문 중이던 호킹이 폐렴에 걸리면서 생명이 위태로워진 것이다. 의사들은 그가 호흡을 할 수 있도록 목에 튜브를 넣는 응급 기관절개술을 시행할 수 밖에 없었고, 그 결과 호킹은 목소리를 잃게 되었다.

이 일로 호킹은 자살을 생각하기도 했다. 학생들을 가르치고 컨퍼런스에서 발표하며 논문과 책을 집필하는, 학자로서의 삶을 지속하기 위해서는 타인과의 소통이 반드시 필요했다. 하지만 휠체어에 매인 상태에서 목소리마저 잃게 된다면 그가 할 수 있는 일은 아무 것도 없을 것이다. 그에게는 재앙이나 다름없는 상황이었다.

불굴의 의지

하지만 호킹은 포기하는 대신 기술의 힘을 빌렸다. 그는 자신의 앞에 놓인 스펠링카드를 사용해 눈썹을 치켜 올리는 방식으로 각각의 문자를 가리켜 의사소통을 했었는데, 컴퓨터를 사용한다면 이를 좀 더 빨리 할 수 있을 것으로 생각했다. 호킹의 주치의였던 마틴 킹Martin King은 캘리포니아에 위치한 워드플러스Words+에 연락했다. 이 회사의 대표는 운동신경질환에 걸린 자신의 장모를 위해 이퀄라이저Equalizer를 개발한 사람으로, 이 시스템은 손가락으로 스위치를 눌러 여러 단어를 스크롤할 수 있도록 만든 것이었다.

"커서가 스크린의 상단을 따라 움직이다가 손에 든 스위치를 누르면 멈추죠. 이런 방식으로 선택한 단어들이 스크린 하단에 나타납니다. 문장을 완성하고 나면 음성합성기로 보낼 수 있어요. 제가 사용하는 것은 센

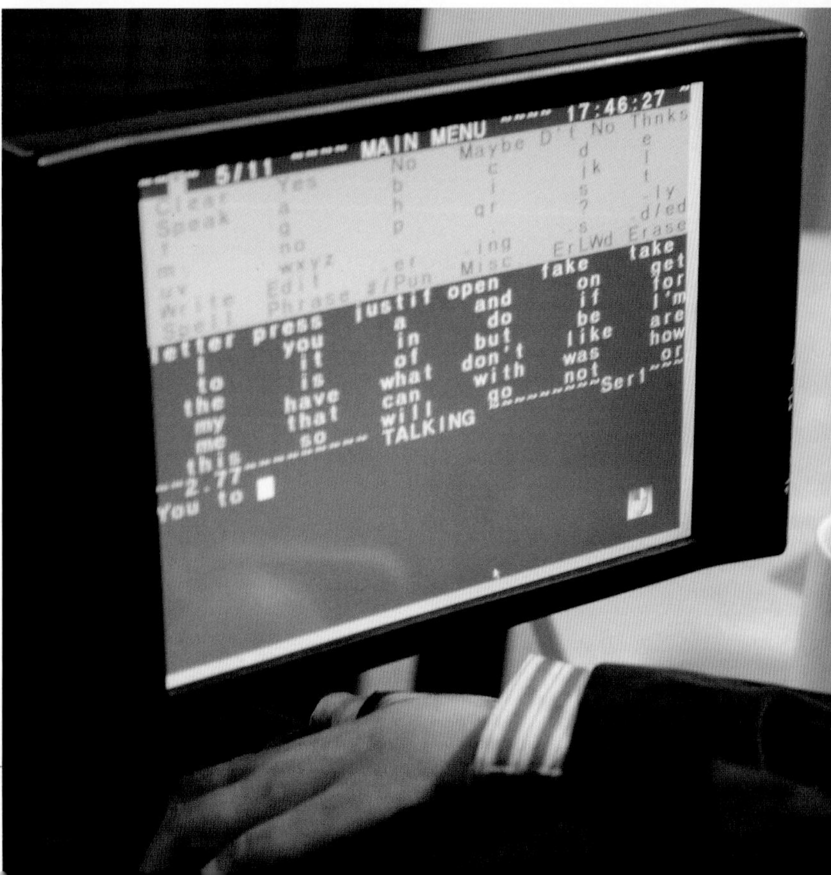

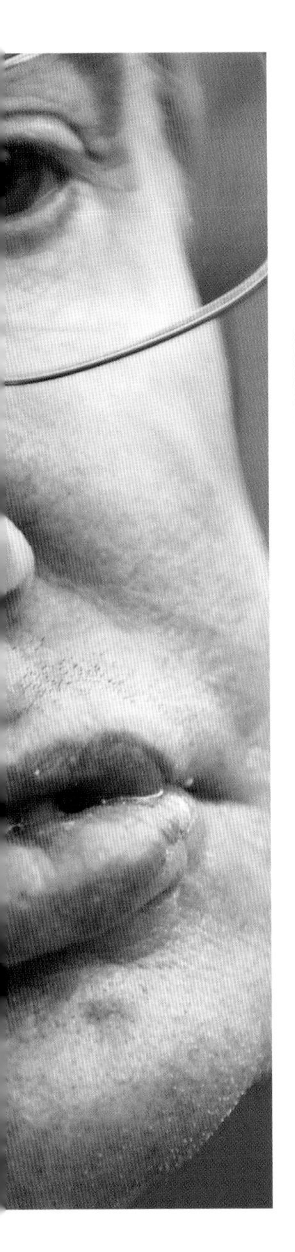

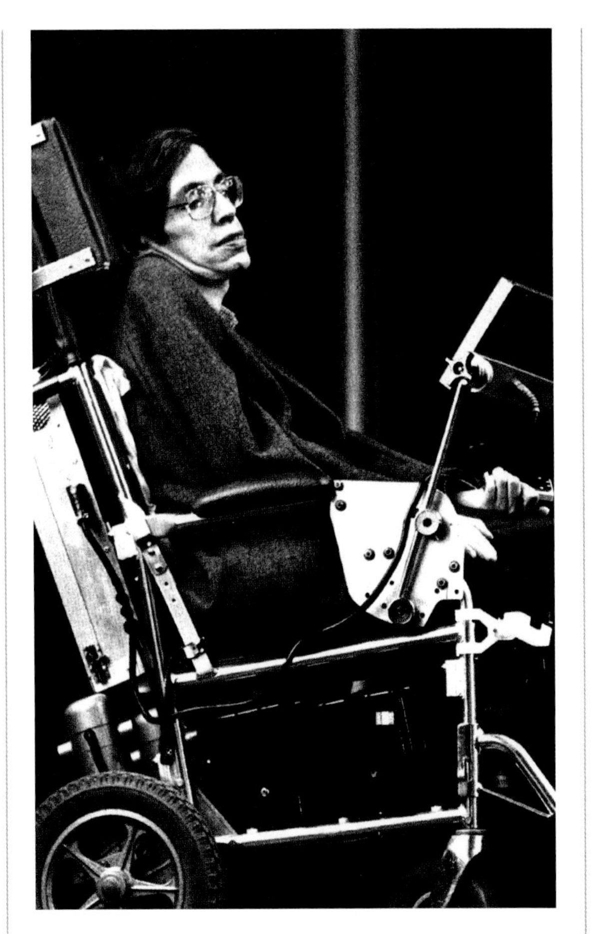

위: 호킹은 말년에 볼 근육을 수축시켜 모니터 상의 커서를 움직이는 방식으로 의사소통을 했다.

왼쪽: 호킹의 의사소통 시스템은 수년에 걸쳐 여러 차례 수정을 통해 개선되었다.

GETTY X2, ALAMY

터그램 커뮤니케이션즈Sentagram Communications Corporation의 자회사인 스피치플러스Speech Plus에서 만든 분리형 음성합성기입니다. 작성한 내용은 디스크에 저장할 수 있고, 문서 작성 프로그램을 이용하면 논문도 쓸 수 있죠. 또한 공식을 단어로 쓰면 프로그램에서 이를 기호로 변환한 다음, 적절한 형식으로 종이에 출력할 수도 있습니다. 강의도 할 수 있어요. 미리 강의 내용을 입력해 디스크에 저장해 놓은 다음, 강의실에서 한 번에 한 문장씩 음성합성기로 보내는 건데 꽤 쓸만합니다. 강의할 내용을 녹음하고 나서 실제로 사용하기 전에 교정을 할 수도 있습니다. 같은 방식으로 CD-ROM을 만들 수도 있지만 이건 주변의 도움이 약간 필요합니다. 지인들의 도움 덕분에 그럭저럭 지낼 수 있는 거죠."

초기의 이퀄라이저는 애플 II 컴퓨터에서 구동되었는데, 이 컴퓨터에 스피치플러스에서 만든 음성합성기가 연결되어 있었다. 호킹을 담당했던 간호사 중 한 명의 남편이었던 데이비드 메이슨이 이 시스템을 휴대용으로 만들어 호킹의 휠체어에 부착했다. 소프트웨어는 같은 회사에서 만든 새로운 버전인 이지 키즈EZ keys로 업그레이드되었는데, 당시로서는 최첨단 기술이 반영된

"아버지가 음성합성기를 사용하기 시작하면서 비로소 대화가 가능해졌습니다. 그때부터 부자관계가 형성되기 시작한 셈이죠."

티모시 호킹

것이었다. 처음에는 알파벳(알파벳을 선택하면 이것으로 시작하는 단어를 고를 수 있었다)과 사용 빈도가 높은 단어들이 나열된 화면이 제시되었고, 호킹이 최근에 사용했던 단어도 보여줌으로써 다음 단어를 예측하기도 했다. 이 기기를 통해 호킹은 약 4천 단어의 어휘를 구사할 수 있었다.

첨단 기술을 잘 활용한 덕분에 호킹은 분당 15단어 정도의 속도로 의사소통이 가능했다. 천만 부 이상의 판매부수를 기록한 호킹의 저서 『시간의 역사』도 이 기기를 이용해 집필한 것이었다. 기술의 발전은 호킹의 사생활에도 변화를 가져왔다. 그의 세 자녀, 특히 막내 아들 팀과의 소통이 가능해진 것이다.

"다섯 살 때까지는 아버지가 어떤 사람인지 전혀 알 수 없었어요. 그의 말을 알아들을 수 없었기 때문이죠. 제 아버지라는 사실은 인지하고 있었지만, 그와 어떤 교감도 느낄 수 없었어요. 하지만 아버지가 음성합성기를 사용하기 시작하면서 비로소 대화가 가능해졌습니다. 그때부터 부자관계가 형성되기 시작한 셈이죠. 아버지는 저를 가게로 데려가 아이스크림을 사 주기도 했고, 같이 〈모노폴리〉 게임을 하기도 했어요. 우리 사이가 공고해진 것이 다른 사람의 목소리를 통해서였다는 사실이 역설적이긴 하지만요." 아들 티모시 호킹Timothy Hawking의 말이다.

호킹의 병은 계속해서 악화되었다. 2005년, 더 이상 스위치를 누를 힘 조차 없게 된 호킹은 자신의 대학원생에게 도움을 요청했다. 그들은 볼 근육의 미세한 움직임을 감지할 수 있는 센서와 적외선 LED를 호킹의 안경에 장착했다. 그리고 이들 기기는 호킹이 수십 년 간 사용해 온 소프트웨어 및 음성합성기와 연결되었다. 덕분에 호킹은 볼 근육의 미세한 움직임만으로 ➔

뇌-컴퓨터 인터페이스

호킹은 생각만으로 컴퓨터를 조작할 수 있는 여러 기기들을 시험했다.

인간의 뇌와 컴퓨터간의 직접적인 의사소통을 가능하게 하는 여러 기술이 개발되었다. 이들 중 일부는 인공와우이식술(소리를 전기 신호로 변환해 청신경을 자극하고 뇌로 음성 신호를 전달하는 시술)과 같이 침습적이다. 뇌의 표면에 전극을 부착해 신호를 측정하는 피질뇌파검사electrocorticography의 경우 뛰어난 결과치를 제공하기 때문에 일부 연구자들은 마치 컴퓨터 텔레파시처럼, 말하려고 머릿속으로 떠올린 단어를 감지할 수 있을 것으로 예상한다. 비침습적인 방법은 대개 두개골의 외부에서 뇌파검사 전극을 사용해 뇌의 전기 활동을 측정하며 이를 조절 신호로 변환한다. 이러한 방식은 사지 일부를 소실한 환자가 의지義肢를 사용할 수 있도록 하는 데 도움이 되고 있다. 하지만 모든 뇌-컴퓨터 인터페이스가 이렇게 복잡한 것은 아니다. 최근 연구에 의하면 각각의 문자가 상이한 주파수로 깜박이는 가상 키보드의 경우, 특정 문자를 주시하는 사용자의 동공에도 같은 주파수의 깜박임을 유발하는 것으로 나타났다. 즉, 전극이나 시선 추적 기기 없이 보기만 해도 타이핑을 할 수 있는 것이다. 이러한 방법들은 모두 운동신경질환을 비롯해, 의사소통이나 움직임에 장애를 초래하는 여러 질환으로 진단된 사람들에게 도움이 될 가능성이 매우 높다.

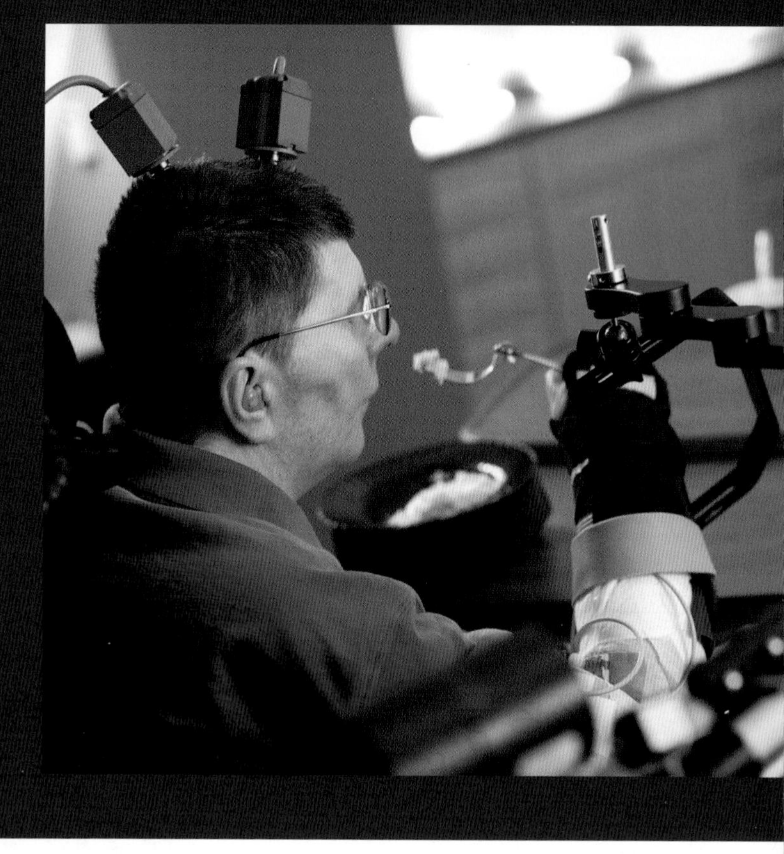

여러 권의 책을 집필했고, 연구에서도 계속해서 놀라운 성과를 낼 수 있었다.

목소리 만들기

근육 조절 능력이 쇠퇴하면서 호킹의 의사소통 능력 역시 지속적으로 감소하였다. 2011년, 분당 2-3단어 정도 밖에 말할 수 없는 상태가 되자, 그는 1997년 컨퍼런스에서 만난 적이 있었던 인텔의 창립 멤버 고든 무어Gordon Moore에게 이메일을 보냈다. 그리고 무어는 당시 인텔의 CEO였던 저스틴 래트너Justin Rattner에게 도움을 청하게 된다.

래트너는 인텔 연구소에 소속된 연구원들 중 인간-컴퓨터 상호작용 분야의 전문가들을 뽑아 팀을 꾸렸다. 그리고 몇 주 후 호킹의 사무실을 방문해 어떻게 도움을 줄 수 있을지에 관해 논의했다. 이들이 호킹을 도울 수 있기를 바란다며 장장 20분에 걸쳐 설명하던 중 갑자기 그의 로봇 목소리가 튀어나왔다. "그는 우리를 환영했고, 와줘서 너무나도 행복하다고 했어요." 연구원 중 한 명이 말했다. "우리가 눈치채지 못한 사이에 계속해서 타이핑하고 있었던 겁니다. 하지만 30단어로 된 인사말을 건네기 위해 20분이 소요되었어요. 생각했던 것보다 문제가 심각하다는 걸 느꼈죠."

이들은 호킹의 의사소통 방식을 심층적으로 분석했다. 그리고 여러 형태의 새로운 인터페이스를 시도한 다음, 시선 추적 시스템이 가장 적합할 것이라고 결론지었다. 비디오 카메라와 적외선을 이용해 동공이나 각막의 위치를 파악하면, 컴퓨터를 통해 어디를 주시하고 있는지 정확하게 계산할 수 있었다. 이 방식의 경우, 원하

GETTY X2, CASE WESTERN RESERVE UNIVERSITY/CLEVELAND FES CENTER

위: 2016년 4월 12일 뉴욕의 원 월드 전망대에서 호킹이 브레이크스루 스타샷 이니셔티브의 시작을 선포하고 있다.

왼쪽: 2016년 스타무스 페스티벌에서 호킹은 최신 버전의 음성 소프트웨어를 사용해 '나의 짧은 역사'라는 제목의 강연을 하고 있다.

"호킹은 완벽주의자였다. 엄청난 노동을 요하는 인터페이스에도 불구하고 그는 모든 단어의 철자를 완벽하게 쓰려 했고, 모든 문장 부호 역시 정확하게 사용하고자 했다."

는 단어를 쳐다보기만 하면 되었다. 하지만 이는 그에게 적합한 방식이 아니었다. 처진 눈꺼풀 때문에 주시 방향을 추적하는 것이 불가능했던 것이다.

다음으로 뇌전도Electroencephalogram, EEG가 시도되었다. 뇌전도 모자를 쓰면 뇌파 측정을 통해 생각만으로도 단어를 선택할 수 있다. 호킹이 굳이 눈으로 단어를 쳐다보지 않아도 의사소통을 할 수 있는 것이다. 하지만 이 방법 역시 호킹에게는 맞지 않는 것으로 드러났다.

결국 남은 방법은 기존에 사용하던 소프트웨어의 입력방식을 개선시키는 것뿐이었다. 연구원들은 호킹이 완벽주의자라는 사실을 곧 알게 되었다. 엄청난 노동을 요하는 인터페이스에도 불구하고 그는 모든 단어의 철자를 완벽하게 쓰려 했고, 모든 문장 부호 역시 정확하게 사용하고자 했다. 때문에 한 글자라도 잘못 쓰면 처음으로 돌아가 새로 입력하곤 했다.

호킹의 대학원생이었던 조나단 우드Jonathan Wood의 도움으로 마침내 개선된 시스템이 완성되었다. 호킹은 여전히 '백스페이스backspace' 기능은 쓸 수 없었지만 단어 예측 시스템의 덕을 톡톡히 봤다. 이는 스위프트키Swiftkey에서 만든 것으로, 이전에 작성된 문서 내용을 토대로 가장 가능성이 높은 다음 단어를 추측할 수 있었다. 호킹의 문체에 맞춤 설계된 이 시스템은 신경망(머신 러닝의 일종)을 사용해 다음 단어를 예측했으며, 심지어 첫 글자를 입력하지 않았는데도 정확한 단어를 찾기도 했다. 호킹의 경우 문장의 첫 단어로 가장 많이 사용한 것은 "the"였으며, "black"과 "hole"이 이어지는 경우가 빈번했다.

이 인터페이스를 이용하면 말을 하거나 검색을 하고 이메일을 보낼 때 단축키를 쓸 수 있었고, 강의 내용의 전달 과정 또한 보다 효율적으로 조절할 수 있었다. 또한 "음소거" 기능도 추가되어 음식을 먹거나 여행을 할 때 의도치 않게 글자가 타이핑되는 것을 막았다. 호킹은 이 새로운 시스템을 2018년 3월 사망 직전까지 사용했다.

그는 로봇과 같은 인공적인 목소리로 유명하다. 하지만 기계적인 목소리의 이면에 숨겨진 혁신적인 기술 덕분에, 진정 비범한 삶을 영위할 수 있는 자유를 얻었다.

ALS 환자의 삶

호킹은 어떻게 이 질병과 맞서 싸울 수 있었나

스티븐 호킹을 휠체어에 구속하고, 그의 발화 능력을 빼앗아간 이 질병은 치료뿐만 아니라 진단 자체도 어렵다.

글_헤일리 베넷

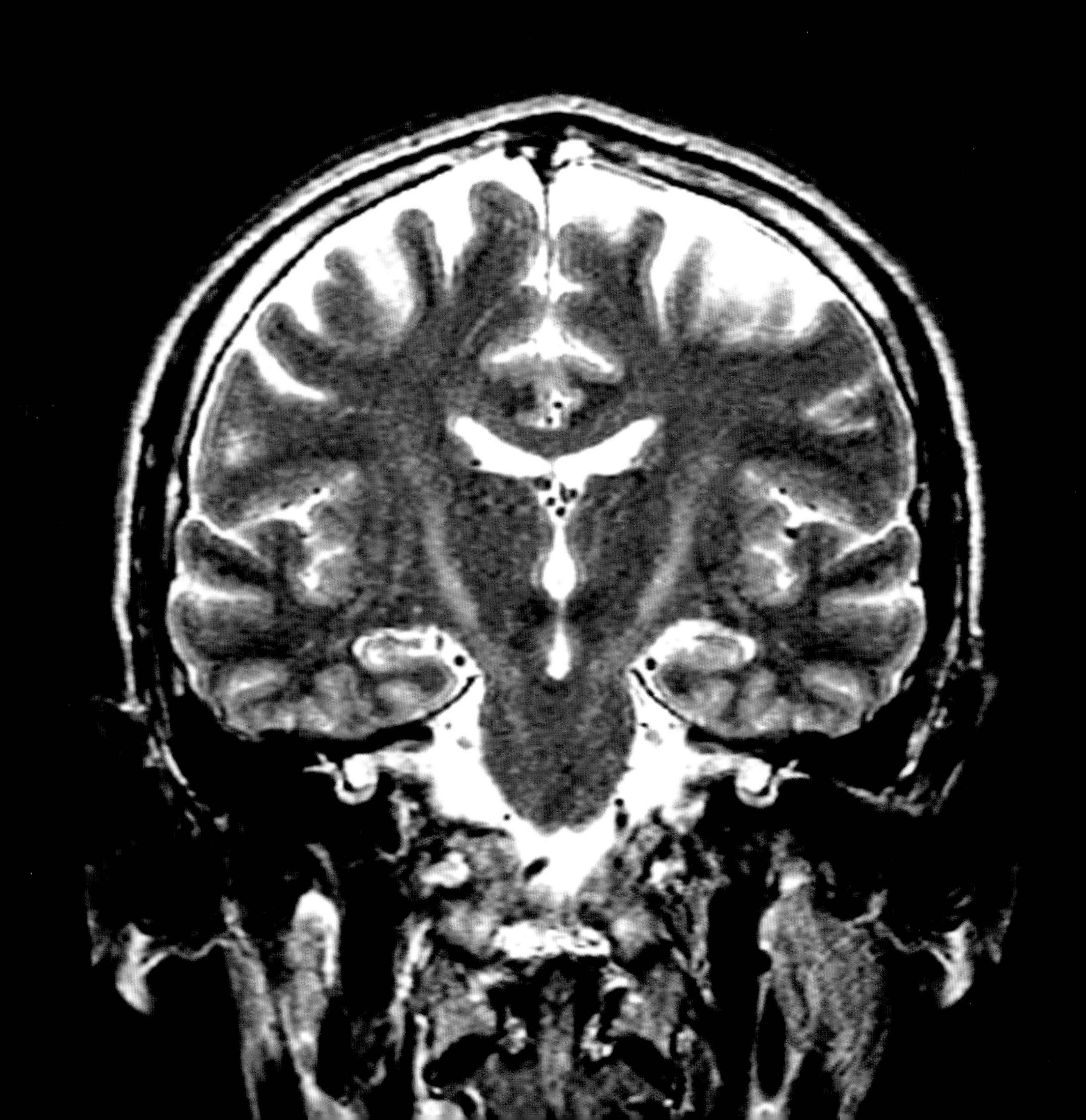

"2003년 운동신경질환으로 진단을 받자, 의사는 긍정적인 사례의 예로 스티븐 호킹을 언급하더군요. 하지만 사실 별로 위로가 되지는 않았습니다." 에든버러에 살고 있는 유안 맥도널드Euan MacDonald가 말했다.

맥도널드는 호킹의 업적에 경의를 표하긴 했지만, 그와 같은 삶을 산다는 것은 마치 "악몽"처럼 느껴졌다. 운동신경질환은 50대에 호발하지만, 맥도널드와 호킹은 모두 20대에 이 병에 걸렸다. 이후 15년 동안 질병이 점차 진행되면서 맥도널드의 운동 기능과 언어 기능은 서서히 감소했다. 그는 숨을 쉬기 위해 기관절개술(목 앞에 구멍을 뚫음)을 시행했고, 삽입된 튜브에 인공호흡기를 연결해야 했으며, 시선 추적 기기도 사용했다. 비록 남들과 같이 쓰거나 말할 수는 없었지만, 이 기기를 이용하면 스크린 위에서의 눈동자 움직임을 추적해 글자를 타이핑할 수 있었다. 이 기기는 맥도널드가 쓴 단어를 말로 바꿔주기도 했다. 호킹도 말년에는 이와 유사한 기기를 가지고 있었고, 볼 근육의 미세한 움직임을 통해 이를 작동시켰다.

운동신경질환을 지닌 환자 중 일부에서는 발화 기능 이상이 조기에 나타나기 때문에, 어눌한 말이 환자를 진단하는 단서가 되기도 한다. 또 어떤 경우에는 팔이나 다리 근육의 연축이 가장 먼저 나타나기도 한다. 하지만 어느 경우이건 간에 나중에는 발화 및 연하 기능 저하가 동반되며, 결국 호흡마저 어려워진다. 이는 얼굴, 목, 혀 그리고 횡경막의 근육이 운동신경의 지배를 받기 때문이며, 이 운동신경이 운동신경질환 환자에서 나타나는 움직임 저하의 주범이다. ALS는 운동신경 질환 중에서 가장 흔하며 모든 운동신경을 침범한다. 반면 다른 종류의 운동신경질환에서는 뇌에서 나오는 신경이나, 근육들을 연결하는 신경이 보존되는 경우도 있다.

운동신경질환협회의 연구 개발 팀장인 브라이언 디키Brian Dickie는 ALS를 "불이 난 산에서 타고 있는 나무"로 묘사했다. 불이 번지면서 신경이 죽으면 이에 연결된 근육도 점차 약해진다. 이러한 과정은 대개 급속도로 진행되며 환자는 곧 휠체어에 의존하는 상태가 된다. 운동신경질환에 걸린 환자의 대부분은 진단 후 3년을 넘기기 힘들지만, 호킹은 수십 년간 생존했기 때문에 매우 특이한 사례에 해당된다. 맥도널드는 자신이 "운이 좋은" 환자였다고 생각한다. 우선 운동신경질환이 의심되는 환자를 만난 의사가 조기에 진단을 내리는 것부터가 쉽지 않은 일이다. 환자가 신경과 의사에게 의뢰되는 시점에 이르면, 대개의 경우 운동신경의 절반 이상이 이미 침범된 상태이다. 증상이 바로 나타나는 것도 아니다. 신경의 일부가 기능을 하지 못하는 경우, 주변의 신경이 이를 대신해 작용하기 때문이다. 남아 있는 신경들에 과부하가 걸리면 그제서야 증상이 나타나기 시작한다. 이 질환을 확진할 수 있는 검사 또한 없다. 감별 진단을 해야 할 여러 질환들을 하나씩 배제하고 나서 마지막에 남는 질환이 바로 운동신경질환인 것이다.

"수없이 많은 검사를 받아야 하지만 이들은 모두 다른 질환을 배제하기 위한 검사입니다. 운동신경질환은 다른 질환이 아니라는 사실을 확인하고 나서야 내릴 수 있는 진단인 거죠. 그렇기 때문에 환자는 병이 상당히 진행되고 나서야 비로소 어떤 병에 걸렸는지 알게 되는 경우가 대부분입니다." 디키가 말했다. 운동신경질환의 진단에 1년이 소요되는 경우도 빈번한데, 그러한 경우 환자에게 남은 시간은 고작 1년 정도에 불과하게 된다. 호킹 역시 21세에 진단을 받을 당시 5년 이상 생존할 가능성은 거의 없다고 판정 받았다.

"증상이 바로 나타나는 것도 아니다. 신경의 일부가 기능을 하지 못하는 경우, 주변의 신경이 이를 대신해 작용하기 때문이다."

팀워크와 기술

수개월 정도의 수명 연장 효과가 입증된 한 가지 약제를 제외하면, 질병의 진행 과정에 영향을 미칠 수 있는 약제는 전무하다. 그렇기 때문에 운동신경질환 환자의 치료는 삶의 질을 개선시키는 데 중점을 두고 있다. 영국의 경우, 운동신경질환으로 진단된 환자에게는 전문 간호사와 작업치료사들로 구성된 팀이 배정된다. 신경과학에 대한 지식뿐만 아니라 완화치료 과정도 이수한 이들은 환자의 신체적, 정신적 상태를 평가하고, 환자 및 보호자를 지지하며, 그들의 일상 생활을 돕기 위해 지역 사회와 협업한다.

"그들은 신경퇴행성질환 환자를 파악하는 데 뛰어납니다. 그리고 이 질환으로 고통 받는 환자와 보호자를 어떻게 대해야 하는지 잘 알고 있죠." 에딘버러대학 소속의 수간호사 쥬디스 뉴턴Judith Newton의 말이다. 이들은 휠체어뿐만 아니라 시선 추적 기기와 같은 의사소통 기구 등 어떤 장비가 필요할지에 관한 계획도 수립한다. 증상이 빠른 속도로 진행되는 환자의 경우 미리 계획을 세워 준비하는 것이 절실하다. 하지만 호킹의 사례에서 볼 수 있듯이 운동신경질환의 진행이 수년 동안 거의 정체되는 경우도 있으며, 이들 환자들에게는

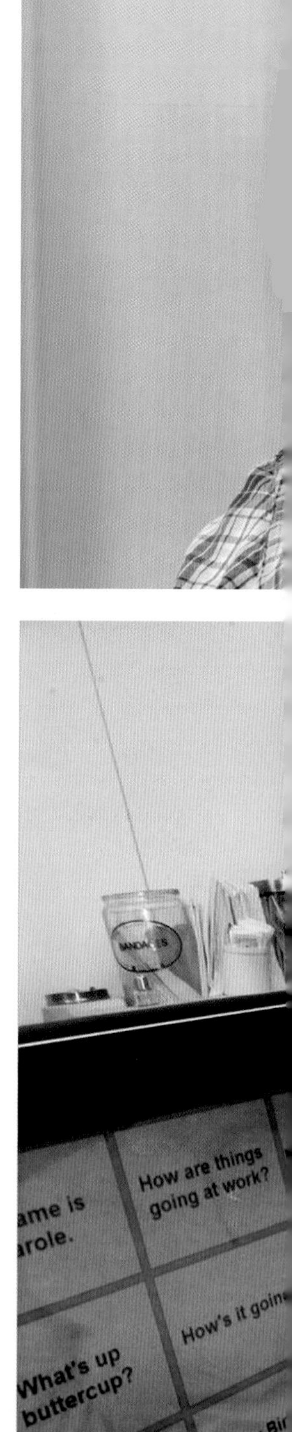

EUAN MACDONALD CENTRE, GETTY

특수 장비가 삶의 일부이자 축복이 된다.

이렇게 오랫동안 생존하는 환자의 경우, 세상과 연결될 수 있다는 사실만으로도 그들의 마음에 커다란 힘이 된다. 맥도널드는 여러 차례 힘든 순간을 맞이 하긴 했지만 예상했던 것처럼 악몽과 같은 삶은 아니며, 이는 소통할 수 있는 통로가 있기 때문이기도 하다고 말한다. "제가 가진 장비 중에서 인공호흡기와 더불어 가장 중요한 것은 바로 의사소통 기구입니다. 이게 없었다면 제 삶은 완전히 달라졌을 거예요. 기술이 삶을 보다 나은 방향으로 변화시키는 전형적인 사례라 할 수 있죠." 그가 말했다.

진단을 받은 지 15년이 지났지만, 그는 단 한 순간도 나태하게 보내지 않았다. 에딘버러대학에 운동신경질환 센터를 세웠고, 5년 전에는 euansguide.com이라는 웹사이트도 개설해 장애인 시설에 관한 정보를 제공하고 있다. 또한 스피크Speak라는 음성 뱅크 연구 프로젝트에도 관여하는데, 이는 운동신경질환 환자의 목소리를 녹음해 둔 뒤 질병이 좀 더 진행되어 성대 기능을 잃었을 때 음성합성기를 통해 자신의 목소리를 사용할 수 있도록 하는 프로젝트이다.

왼쪽: 유안 맥도널드는 2003년 운동신경질환으로 진단된 후, 에딘버러대학에 운동신경질환 연구 센터를 세웠다.

아래: 운동신경질환으로 인해 발화 기능이 소실되더라도 의사소통을 할 수 있도록 언어치료사가 조셀린 오돔을 훈련시키고 있다.

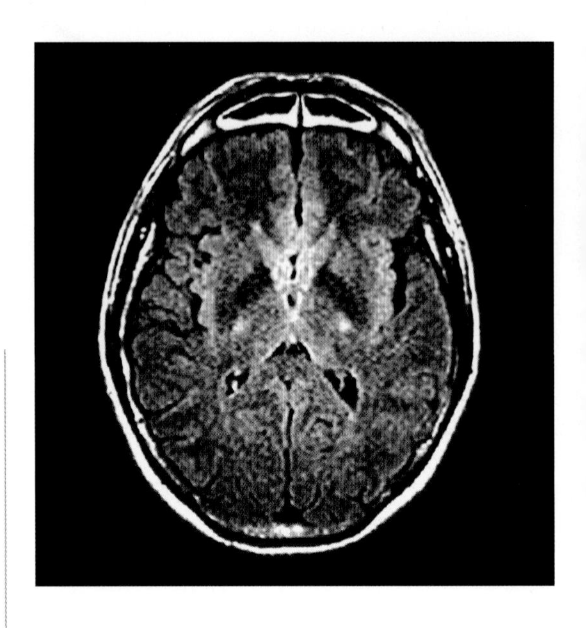

"장기 생존자들에 대한 면밀한 관찰을 통해 유전적 요인이 관여하고 있는지 여부를 파악해야 합니다."

오른쪽 위: 운동신경질환의 경우, 움직임을 관할하는 뇌 세포가 빠른 속도로 퇴행한다.

아래: 아마 알 칼라비 교수는 신경 퇴행에 이르려면 6개의 생물학적 단계를 거쳐야 한다고 생각한다. 이들 단계 중 일부를 차단할 경우, 운동신경질환의 증상을 완화시키거나 질병 자체를 예방할 수 있을지도 모른다.

유전적 요인과 바이러스

유전학자들은 호킹과 맥도널드처럼 오랫동안 생존하는 환자의 사례에 주목한다. "그들은 장기 생존자들에 대한 면밀한 관찰을 통해 유전적 요인이 관여하고 있는지 여부를 파악하고자 해요. 이를 발견한다면 바로 치료로 이어질 수 있기 때문이죠." 디키가 말했다.

지난 25년간 유전학자들은 운동신경질환의 유전적 특징을 상당 부분 파악했다. 1993년에 발견된 SOD1 유전자를 시작으로 120개가 넘는 유전자 변이generic variation가 확인되었다. 오늘날 연구자들은 아이스버킷 챌린지(여러분은 많은 사람들이 얼음물 뒤집어 쓰는 영상을 공유한 것을 기억할 것이다)를 통해 모금한 기금으로 15,000명 환자의 게놈genome을 분석하고 있다.

하지만 운동신경질환에 걸린 모든 환자에게서 동일한 유전적 요인이 나타나는 것은 아니다. 또한 같은 유전적 요인을 지닌 사람이라 하더라도 증상이 완전히 다를 수 있고, 심지어 완전히 다른 질병을 앓기도 한다. 예를 들어 C9ORF72 유전자 변이를 지닌 사람 중 일부는 전형적인 운동신경질환을 지니지만, 파킨슨씨병에 걸리는 사람도 있다. 게다가 생활습관 요인이 중요하게 작용할지도 모른다고 주장하는 과학자들도 있는데, 어떤 요인이 어떻게 작용하는지에 대한 구체적인 내용은 아직 밝혀지지 않았다.

킹스칼리지런던의 신경과 고문 의사인 아마 알 칼라비 Ammar Al-Chalabi는 운동신경질환이 다단계로 이루어진 생물학적 경로를 거쳐 발병하며, 이들 단계 모두에서 이상이 발생해야 신경이 퇴화되기 시작한다고 한다. 그는 2014년 동료들과 함께 발표한 논문에서, 25년에 걸쳐 모집한 6,000명의 운동신경질환 환자 데이터를 대상으로 전체 경로에 몇 단계가 존재하는지 결정하기 위해 수학적 모델을 사용했다.

"질병이 발현되기 위해서는 6단계를 거쳐야 합니다"라고 그는 말한다. 이러한 주장은 운동신경질환과 연관된 유전자 변이가 어떤 사람에서는 질병을 유발하지만 다른 사람에서는 그렇지 않은 이유를 설명하는 것으로, 아직까지 질병에 걸리지 않았다 하더라도 추후 다른 단계에도 문제가 생기면 증상이 유발될 수 있다는 의미이다. 이러한 가설은 상당히 매력적이다. 여러 단계 중 하나만 제거하거나 단일 위험 인자만 제거하는 것으로도 질병을 예방할 수 있기 때문이다.

물론 이는 말처럼 쉬운 일은 아닐 것이다. 최근 내인성 레트로바이러스endogenous retrovirus에 관한 한 가지 가설이 대두되었다. 이들은 수천 년 전 인류를 감염시킨 후 인간 게놈에 잠복하고 있는 바이러스의 잔재이다. HIV와도 관련이 있는 레트로바이러스의 DNA는 사실 매우 흔하며, 인간 게놈의 5-8%를 차지한다. 이론적으로 볼 때, 만약 이들 장기 잠복 바이러스가 재활성화된다면 일련의 분자생물학적 과정을 통해 질병이 발생할 수 있는 것이다.

알 칼라비에 의하면 특정 종의 마우스에서는 이러한 현상이 이미 증명되었다고 한다. "운동신경질환에 걸리는 마우스들은 내인성 레트로바이러스를 가지고 있고,

위: 아이스버킷 챌린지 행사를 통해 모금한 돈은 운동신경질환 중 가장 흔한 ALS에서 중요한 역할을 하는 유전자 변이에 관한 연구 기금으로 사용되었다.

왼쪽: 루게릭은 뉴욕 양키스 소속의 야구 선수였지만 ALS(현재 루게릭병으로도 불림)에 걸리자 1939년 은퇴했다.

이를 활성화시킬 수 있는 유전자 변이도 있으며, 다른 바이러스에도 감염된 녀석들입니다. 이 세 가지 조건이 충족되면 질병에 걸리는 거죠. 즉, 레트로바이러스가 질병 유발에 필요 조건이긴 하지만 충분 조건은 아닐 겁니다."

호킹의 사례를 통해 바라본 희망

운동신경질환의 원인이 어느 정도 규명되자 새로운 치료법 개발을 위한 연구가 더욱 활발해졌다. 사람에 따라 운동신경질환의 발병 여부를 결정하는 세부 요인들이 좀 더 명확해지면, 환자별 맞춤형 치료도 가능해질 수 있다. 이는 헌혈을 하기 전에 혈액형을 파악하는 것과 마찬가지이다.

하지만 현재 우리가 지닌 약제는 두 가지뿐이다. 릴루졸 riluzole은 환자의 수명을 수 개월간 연장할 수 있으며, 에다라본 edarabone은 운동신경질환 치료 목적으로 미국과 일본에서만 승인되었다. 최근 연구 결과로 인해 기존에 알려진 릴루졸의 작용 기전은 더 이상 유효하지 않게 되었다. 하지만 다양한 기전으로 작용하는 여러 약제에 관한 실험이 진행 중이다. 그 중 하나는 항암제를 사용해 뇌의 신경아교세포 활성도를 바꾸려는 시도인데, 이 세포가 신경계에서 운동신경질환이라는 "산불"이 퍼지는

호킹은 운동신경질환에 걸린 환자 중에서 예외적으로 오래 생존하며 많은 업적을 이루었다. 사진은 스위스의 유럽입자물리연구소를 방문했을 당시의 모습이다.

위: 릴루졸(우측 상단의 분자 구조 모형)은 글루타메이트(종 모양의 아래쪽에 분포하는 보라색 작은 원형 입자)라는 신경 전달물질 작용의 차단을 통해 운동신경질환의 진행을 억제한다.

속도를 결정하는 것으로 보이기 때문이다.

효과적인 약제는 아직 존재하지 않기 때문에, 호킹이 복용했던 어떤 약물도 그의 생존 기간을 늘리는 데 기여했다고 보기는 어렵다. "질병의 아형subtype과 관련될 가능성이 훨씬 높습니다. 환자의 5-10% 정도는 10년 이상 생존하거든요. 호킹은 분명 이러한 극단적인 경우에 해당할 겁니다." 디키가 말했다. 그는 호킹이 운동신경질환 환자의 가장 좋은 사례이자 동시에 가장 나쁜 사례이기도 하다고 했다. 그가 이룬 업적을 고려하면 최고의 사례임에 분명하지만 극히 드물다는 측면에서는 최악의 사례인 것이다. 아직도 많은 사람들은 대부분의 운동신경질환이 매우 빠른 속도로 진행하는 말기 질환임을 깨닫지 못한다.

디키는 호킹의 경우 "좋은 유전자"가 질병의 진행을 늦추는 데 도움을 주어 좀 더 오랫동안 생존하도록 했을 것이라고 한다. 맥도널드도 이런 유전자를 가지고 있을지 모른다. 사실 그는 기술의 발전으로 세상과 좀 더 원활하게 소통하고 있기도 하다. 그는 자신과, 자신의 남동생의 음성을 합성한 목소리를 낼 수 있으며 365일, 24시간 내내 인터넷, 이메일, 스카이프에 접속되어 있다. "얼굴을 모니터에 파 묻고 삽니다. 다른 사람들과 마찬가지로요!" 그가 농담을 건넨다.

그렇다면 맥도널드는 호킹에 대해 어떻게 생각하고 있을까? "스티븐 호킹은 운동신경질환 환자도 멋진 일을 할 수 있다는 사실을 보여 준 사례라고 생각합니다." 이는 분명 맥도널드 자신에게도 해당되는 말일 것이다.

"효과적인 약제는 아직 존재하지 않기 때문에, 호킹이 복용했던 어떤 약물도 그의 생존 기간을 늘리는 데 기여했다고 보기는 어렵다."

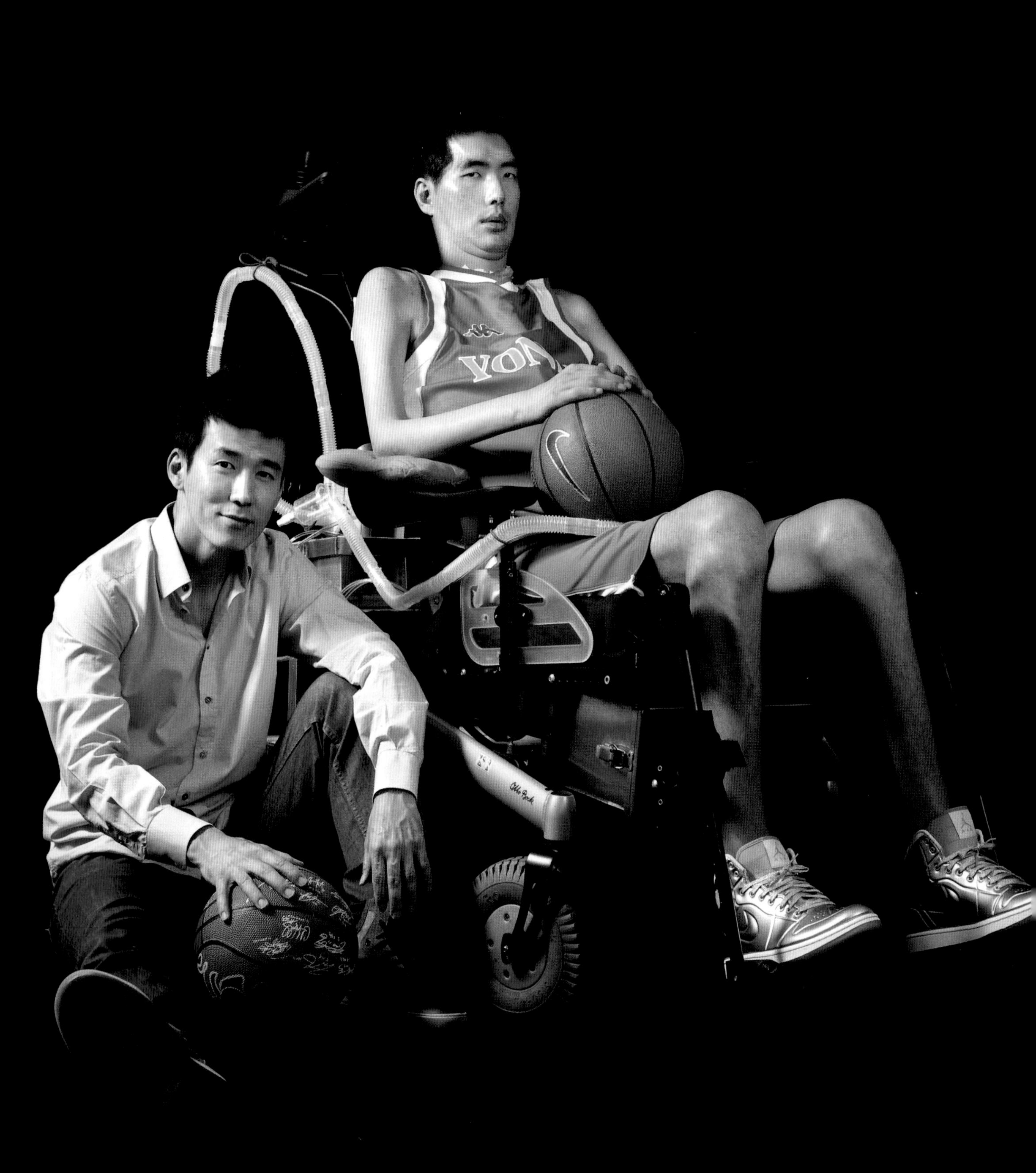

연세대, 기아자동차 선수를 거쳐 '국내 프로농구 최연소 코치'로 부임
2002년, 32세의 나이에 루게릭병으로 진단
발병 11개월 만에 휠체어, 20개월 만에 침대 생활
인공호흡기로 숨을 쉬며, 안구 마우스 통해 눈빛으로만 의사소통

2002년 4월, 박승일은 미국 유학을 마치고 현대모비스 프로농구 최연소 코치로 부임했다. 하지만 그는 귀국 직후 루게릭병 판정을 받게 된다. 32살이라는 젊은 나이에 불치의 희귀병에 걸렸으며 앞으로 그에게 남은 시간은 2~3년에 불과하다는 의사의 선고는 절망적이었다. 그러나 몇몇 환우들과 그들의 가족을 만나본 박승일은, 질병 자체도 끔찍하지만 긴병의 힘겨움으로 인해 환우뿐만 아니라 가족들까지도 고통 받고 있으며, 많은 가정이 무너진다는 사실을 알게 되었다. 그는 루게릭병 환우를 이해하고 전문적인 간병을 할 수 있는 루게릭병 전문 요양병원이 절실히 필요하다는 사실을 인식하였다. 그리고 16년간의 기나긴 투병생활 중에도 루게릭요양병원 건립이라는 간절한 희망의 끈을 포기하지 않고 있다. 그 꿈을 이루기 위하여 박승일은 2011년 비영리재단법인 승일희망재단을 설립하였으며 그의 뜻에 동참한 가수 션과 함께 공동대표로 재직 중이다.

호킹과의 인연

박승일은 스티븐 호킹과도 인연이 있다. 그의 지인이 생전의 호킹에게 한국의 루게릭병 환우인 박승일이 루게릭요양병원 건립을 위해 애쓰고 있으니 그에게 응원을 부탁하는 메일을 보냈고 이에 대한 답신을 받았던 것이다.

> *"제가 조언을 드리자면, 장애가 있더라도 잘 할 수 있는 일에 집중하세요. 그리고 장애로 인해 초래되는 불편한 점들에 대해서는 한탄하지 마세요. 몸이 불구가 되었다 하더라도 마음까지 불구가 되어서는 안 됩니다. 삶이 아무리 절망적으로 보일지라도 당신이 할 수 있고, 또 잘 해낼 수 있는 일은 언제나 존재합니다.*
> *삶이 지속되는 한 희망이 있는 법입니다. 저는 장애에도 불구하고 충만한 삶을 살았고, 세 아이들까지 얻었습니다. 가족은 제게 너무나도 소중하답니다."*
>
> *- 스티븐 호킹*

호킹은 루게릭요양병원 건립을 위해 그의 메시지를 사용하도록 흔쾌히 허락했다. 호킹이 전 세계 많은 루게릭병 환우들에게 희망이 되었듯이, 박승일은 국내 루게릭병 환우들의 입장을 대변하며 환우 지원 및 루게릭요양병원 건립을 위해 16년째 하루하루 사투를 벌이며 희망의 목소리를 전하고 있다.

루게릭요양병원 건립을 위해

2011년 승일희망재단은 보건복지부로부터 비영리재단법인 설립을 허가 받았다.

> *"세상에 힘겹고 도움을 필요로 하는 사람들은 너무나 많습니다. 하지만 박승일처럼 자신도 루게릭병 환자임에도 불구하고, 끊임없이 지속적으로 한 가지 일을 포기하지 않고 세상을 향해 외치는 사람을 본 적이 없습니다. 그것도 루게릭병으로 전혀 움직일 수 없는 상황에서 말이죠. 그것이 재단 설립을 허가하는 가장 큰 이유입니다."*
>
> *- 2011년, 보건복지부*

또한 승일희망재단은 기획재정부로부터 기부금을 모금할 수 있도록 지정 받은 지정기부금단체이기도 하다. 재단은 기부금을 이용해 루게릭병 환우를 위한 환우지원사업과 루게릭요양병원 건립을 위한 사업을 함께 진행하고 있다. 2018년 6월말 기준으로 루게릭요양병원 건립기금으로 약 50억 원을 모금했으며, 지난 4월에는 경기도 용인에 루게릭요양병원 건립을 위한 토지를 마련했다. 또한 루게릭병을 알리고 사업을 추진하기 위해 다양한 홍보 활동 및 캠페인을 적극적으로 시행하고 있다. 많은 유명 가수들이 재능기부 형식으로 참여하는 루게릭 희망콘서트가 벌써 11회 진행되었으며, 위드아이스(www.withice.or.kr)라는 기부상품 쇼핑몰을 직접 운영하고 있는데, 수익금은 전액 루게릭요양병원 건립기금으로 사용된다. 또한 2014년 전 세계적으로 관심을 모았던 아이스버킷 챌린지에 이어 국내에서는 2018 아이스버킷 챌린지가 다시 시작되어, 많은 사람들이 뜻을 모아 루게릭요양병원 건립이라는 꿈을 향해 한 걸음 한 걸음 나아가고 있다.

〈승일희망재단〉
홈페이지 www.sihope.or.kr, 전화 02-3453-6865

왼쪽: 연세대 시절 문경은, 우지원 등 동료들과 함께. 아랫줄 맨 우측이 박승일이다.

가운데: 2002년 현대모비스 코치 시절

오른쪽: 투병 중에도 미소를 잃지 않던 모습

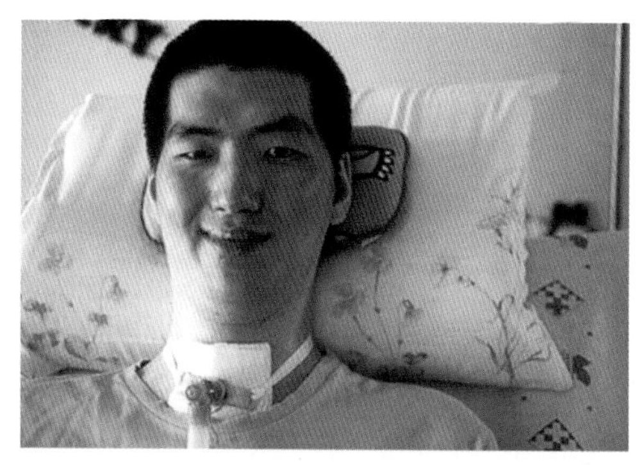

2부

호킹의 업적

호킹처럼 우주를 흥미로운 퍼즐로 바라보는 사람은 거의 없다.
하지만 도전 정신을 지니고 충분한 시간 동안 몰입해 사고할 수 있는
사람이라면 이 퍼즐을 해결할 지도 모른다.

특이점 - 물리학의 법칙이 붕괴되는 지점 P54

블랙홀 - 빠져나갈 수 없는 곳 P58

무경계 우주 - 빅뱅 이전 P70

호킹의 마지막 예측 - 다중우주의 규모 축소 P74

ANDRE PATTENDEN

특이점

방정식에서 특이점이 나타나면 곤경에 빠진다. 하지만 호킹은 초창기 시절, 아인슈타인의 방정식에서 특이점 문제에 주목했고 이는 곧 놀랄만한 성과로 이어졌다.

글_마커스 초운

특이점은 괴물과 같은 존재이다. 수학 방정식에 특이점이 등장하면, 값이 무한대로 치솟으면서 식 자체가 무의미해진다. 문제는 우주의 기원을 기술하는 방정식에도 특이점이 등장한다는 사실이다. 바로 아인슈타인의 중력이론이다. 1960년대 초반, 케임브리지대학에서 박사 후 과정을 밟고 있던 스티븐 호킹은 중력이론에 관해 깊이 고민했다. 당시 그는 우주의 기원과 진화, 그리고 운명을 다루는 우주론에 매료되어 있었다. 1917년, 알베르트 아인슈타인은 그의 새로운 중력이론인 일반상대성이론을, 상상할 수 있는 가장 큰 중력 시스템인 우주 전체에 적용했다. 하지만 그는 선대 과학자인 아이작 뉴턴과 마찬가지로 정적우주론idea of static Universe을 고집했다. 이는 모든 항성과 은하는 시간이 지나더라도 우주 공간에 변함없이 고정되어 있다는 이론이다. 아인슈타인은 자신의 방정식에 담긴 메시지, 즉 우주는 본질적으로 불안정하고 계속 움직일 수 밖에 없다는 사실을 간과했던 셈이다.

GETTY

아인슈타인에서 호킹까지

1920년대, 러시아의 물리학자 알렉산드르 프리드만Aleksandr Friedmann과 벨기에의 물리학자이자 가톨릭 신부였던 조르주 르메트르George Abbé Lemaître는 서로 독립적으로 우주의 팽창을 증명했다. 아인슈타인의 방정식에 숨겨져 있다가 이 두 사람에 의해 발견된, 팽창하는 우주는 프리드만-르메트르 우주Friedmann-Lemaître universes라 불리게 되지만 오늘날 대부분의 사람들은 다른 이름을 사용한다. 바로 빅뱅 우주이다. 우리가 살고 있는 우주가 계속해서 팽창하고 있다는 사실이 관측을 통해 입증된 것은 1929년의 일이었다. 미국의 천문학자 에드윈 허블Edwin Hubble은 로스엔젤레스 부근 윌슨 ➔

"문제는 바로 이것이었다. 우주가 시작된 시점에서 파국적 특이점을 피할 수는 없었을까? 한 가지 가능성을 지닌 해결 방안이 제시되었다."

산에 위치한, 당시로서는 세계 최대 규모였던 직경 100인치의 후커 망원경Hooker Telescope을 사용해 우주가 팽창하고 있다는 사실을 발견했다. 또한 우주를 이루는 구성 요소들, 즉 우리 은하와 같이 항성들로 이루어진 은하들이, 거대한 폭발 후에 생기는 파편들처럼 서로 멀어져 간다는 사실도 밝혀냈다. 팽창하고 있는 우주의 모습을, 마치 영화를 앞으로 되돌리듯 시간을 거슬러 올라가며 상상해보면, 어느 시점(현재 138.2억 년 전으로 알려진 때)에 도달할 경우 모든 물질들은 매우 작은 크기로 압축될 것이다. 이 순간이 바로 우주의 시초인 빅뱅이다. 우주가 어느 날 갑자기 탄생했다는 주장은 사실 그다지 와 닿지 않았기 때문에 1960년대 초반 대부분의 과학자들은 빅뱅 이론을 믿지 않았다. 다행스럽게도 그럴듯한 다른 이론이 있기도 했다. 은하들이 서로 멀어지고 있는 상태에서 새로운 물질이 무無로부터 갑자기 나타난다면, 이들이 엉겨 붙어 새로운 은하를 생성해 빈 공간을 채울 수 있다. 우주는 팽창하고 있지만 항상 같은 모습을 유지할 수 있으며 이는 무한히 오래 지속될 수 있기 때문에 '빅뱅 이전에는 무엇이 있었을까?'와 같은 난처한 질문을 피해갈 수 있는 것이다. 하지만 영국의 천문학자 프레드 호일 경Sir Fred Hoyle이 이끄는 이 정상우주론'steady-state' theory은 1965년, 빅뱅 이후의 잔재라 할 수 있는 우주배경복사의 발견으로 인해 치명타를 맞게 된다.

이는 호킹이 박사 후 과정 연구에 매진하기 시작했을 무렵의 일이다. 호킹은 과거로 시간을 되돌릴 때 팽창하는 우주가 어떤 모습이었을지 머릿속으로 그려보았다. 우주가 매우 작은 크기로 축소되면, 그 내부의 물질은 더욱 고밀도로 축적된다. 자전거 펌프 내로 공기를 밀어 넣어 본 사람은 알겠지만, 이 경우 펌프 내부는 점점 더 뜨거워진다. 빅뱅은 뜨거운 빅뱅이었던 것이다. 하지만 아인슈타인의 이론에 의하면 이러한 과정은 한계가 없다. 그리고 우주가 하나의 점으로 축소되면 그 온도와 밀도는 무한으로 치솟는다. 아인슈타인의 이론은 이러한 특이점을 예측하기 때문에 결국 우주의 궁극적인 기원을 합리적으로 설명할 수 없게 된다.

파국의 모면

문제는 바로 이것이었다. 우주가 시작된 시점에서 파국적 특이점을 피할 수는 없었을까? 한 가지 가능성을 지닌 해결 방안이 제시되었다. 만약 우주의 물질이 고르게 분포되어 있지 않았다면, 우주가 시간을 거슬러 올라가 점차 작게 축소될수록 이러한 불균질성은 더욱 증폭될 것이다. 붕괴하는 우주의 여러 부분들은 한 점에서 쌓이는 대신 서로 엇갈리면서 특이점을 형성하지 않게 된다.

이는 아인슈타인의 중력이론과 상충되지 않기 때문에 우주의 역사를 좀 더 이전, 즉 빅뱅 이전까지 추적하는 것이 가능하다. 예를 들면, 우주는 수축하면서 '빅크런치big crunch(우주 대붕괴)'에 이르게 되고 다시 빅뱅을 통해 팽창했을 수 있다. 호킹의 동료인 브랜던 카터Brandon Carter는 이 문제에 관해 연구하면서 런던에서

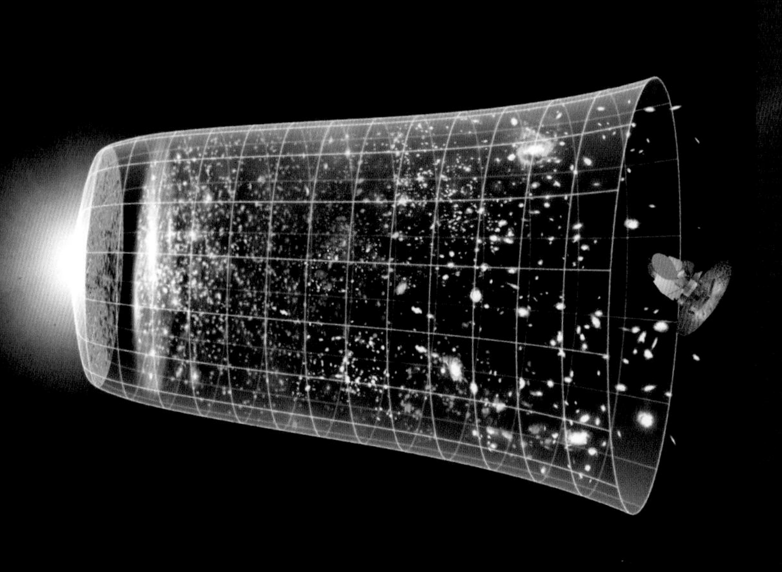

로저 펜로즈라는 젊은 수학자의 강연에 참석했던 사실을 언급했다. 펜로즈는 또 다른 종류의 특이점, 즉 블랙홀의 중심 -사멸하는 항성이 스스로의 중력에 의해 파국적으로 수축되면서 시공간이 극도로 뒤틀리는 지점- 에서의 특이점 형성을 연구하기 위해 새로운 위상수학을 사용한 것 같았다. 블랙홀 특이점은 시간보다는 공간에서의 특이점이었지만 빅뱅의 특이점과 많은 부분에서 공통점을 지녔다.

호킹은 펜로즈에게 연락을 취했고, 이들의 만남은 20세기 물리학에서 가장 화려한 결실을 맺은 협업의 시발점이 되었다. 1965년부터 1970년까지, 두 사람은 몇 개의 강력한 특이점 정리를 증명했다. 그중 가장 중요한 것은, 일반적이며 개연성 높은 상황을 전제로 할 때 빅뱅 특이점은 불가피했다는 것이다. 이들은 어떤 방식으로 시간을 역행해 뒤로 돌린다 하더라도 빅뱅 특이점은 존재할 수 밖에 없었다는 사실을 입증했다.

위: 캘리포니아에 있는 직경 100인치의 후커 망원경. 1920년대 에드윈 허블은 이 망원경을 사용해 우주가 팽창하고 있다는 사실을 증명했다.

오른쪽 맨 위: 아베 조르주 르메트르와 알베르트 아인슈타인. 르메트르는 빅뱅 이론이 진화하는 데 매우 중요한 역할을 했다.

오른쪽 위: 영국의 수학자 로저 펜로즈. 그는 호킹과의 공동 연구를 통해 그의 초창기 시절 업적에 기여했다.

맨 왼쪽: 오늘날의 관점에서 바라본 빅뱅 이후 우주의 진화 과정

왼쪽: 러시아의 물리학자 알렉산드르 프리드만은 르메트르와 거의 같은 시기에 유사한 연구 결과를 발표했다.

의문은 여전히···

특이점을 합리적으로 설명하는 것은 불가능하다. 결국 호킹과 펜로즈는 아인슈타인의 이론에 자신을 무너뜨릴 수 있는 내용이 포함되어 있다는 사실을 증명한 셈이었다. 뉴턴의 중력이론이 보다 심오한 아인슈타인의 중력이론의 근사이론近似理論인 것과 마찬가지로, 아인슈타인의 중력이론 역시 더 심오한 이론의 근사이론일 것이다. 많은 물리학자들이 매진하고 있지만 아직까지 찾아내지 못한 이 이론은 양자중력이론으로 불린다. 언젠가 양자중력이론이 발견된다면 우리는 인류가 머물고 있는 이 우주가 어디서 시작되었는지에 대한 해답을 얻을 수 있을 것이다. Ⓕ

SCIENCE PHOTO LIBRARY

블랙홀

특이점에 관한 호킹의 연구는 우주 전체에 산재해 있는 이 신비롭고도 파괴적인 존재에 대한 연구로 이어졌다.

글_마커스 초운

리가 알고 있는 대상의 본질에 대한 이해를 완전히 새롭게 뒤엎는 사람은 역사의 한 페이지를 장식하기 마련이다. 1974년, 호킹이 바로 그랬다. 그는 일반적인 예상과는 달리 블랙홀이 검지 않다는 사실을 증명한 것이다.

블랙홀은 1915년 11월 아인슈타인이 베를린에서의 강연을 통해 전 세계에 공표했던 일반상대성이론의 결과물이다. 아이작 뉴턴이 생각한 중력은 지구와 태양을 연결하며 지구가 궤도에서 벗어나지 않도록 하는 보이지 않는 끈과 같은 것이었지만, 아인슈타인은 이러한 생각이 틀렸다는 사실을 입증했다. 그러한 힘은 존재하지 않는다. 대신 태양과 같은 물체는 그 주위의 시공간에 움푹 들어간 '계곡'을 생성하며, 지구는 이 계곡의 경사면 둘레를 따라 돌면서 공전한다. 마치 룰렛 볼이 룰렛 휠 주위를 도는 것처럼 말이다.

미국의 물리학자 존 휠러John Wheeler는 아인슈타인의 이론을 한 문장으로 요약했다. "물질은 시공간의 휘어짐을 결정하고, 휘어진 시공간은 물질의 운동을 결정한다." 시공간의 휘어짐은 4차원이지만 인간은 3차원적 존재에 불과하기 때문에 이를 인지하지 못한다. 따라서 이를 파악하기 위해서는 아인슈타인과 같은 천재가 필요했던 것이다.

그는 중력을 기술하는 뉴턴의 만유인력 법칙을 10개의 방정식으로 바꿨다. 이 방정식의 해解는 물질의 배치로 인해 형성되는 시공간의 형태로, 그 값을 산출하기가 무척 어렵다. 사실 너무나도 어렵기 때문에 해를 구한 사람의 이름을 따서 그 명칭을 정할 정도이다. 그런데 놀랍게도 일반상대성이론이 발표된 지 몇 달 지나지 않아 아인슈타인의 중력장 방정식의 해를 발견한 사람이 나타났다.

카를 슈바르츠실트Karl Schwarzschild는 독일계 유대인이었다. 그는 반유대주의자들에게 유대인도 애국자가 될 수 있다는 사실을 보여주고자 했고, 제1차

독일의 물리학자 카를 슈바르츠실트(1873-1916)는 최초로 특정 물체에서의 상대성이론의 해를 구했다.

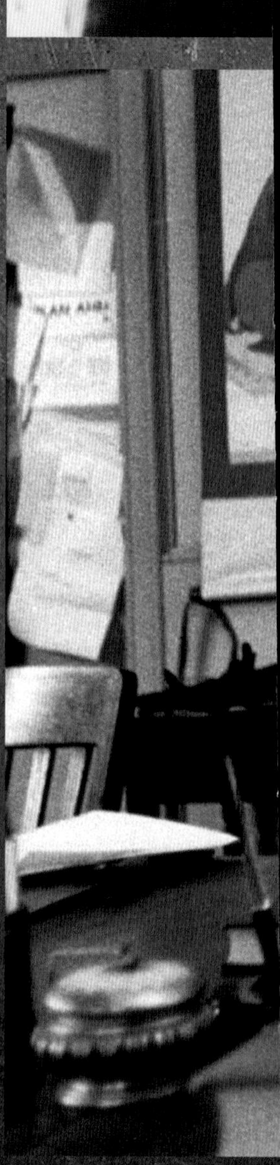

위: 1954년, 존 휠러(오른쪽), 알베르트 아인슈타인, 그리고 첫 번째 일본인 노벨상 수상자인 유카와 히데키.

왼쪽: 프린스턴대학의 연구실에 있는 존 휠러(1911–2008). 아인슈타인의 이론을 최초로 이해한 물리학자들 중 한 명이었던 그는 원자력발전 및 원자폭탄의 개발을 도왔고, '웜홀'이라는 용어를 만들기도 했다.

GETTY X2, ALAMY

세계대전이 발발하자마자 40세의 나이에도 불구하고 군대에 자원했다. 슈바르츠실트는 황제 친위대 소속으로 18개월간 복무하면서 벨기에의 기상관측소를 운영했으며, 프랑스에서는 포병대와 함께 포탄의 궤도를 계산했다. 그리고 러시아와의 전투에도 참전했는데, 그 곳에서 심상성 천포창pemphigus vulgaris에 걸렸다. 이 질환은 면역체계가 자신의 피부를 공격하는 병으로, 슈바르츠실트는 통증을 동반한 수포로 고통을 받다가 결국 수 개월 만에 사망하고 말았다. 하지만 그는 동부 전선의 병원 야전 침대에 누워 있는 동안, 끊임없이 들려오는 총성을 배경 삼아 아인슈타인의 새로운 이론을 곱씹으며 생각에 잠겼다.

아인슈타인을 넘어서

슈바르츠실트는 항성과 같은 구형의 대칭적인 물체를 생각했다. 그는 몇 가지 가정을 통한 단순화로 아인슈타인 방정식의 개수를 줄였고, 물체 주변의 시공간 휘어짐을 정확히 계산할 수 있다는 사실을 발견하고 스스로 놀라움을 금치 못했다. 당시 베를린에 있던 아인슈타인은 동부 전선에서 온 편지를 받고 더욱 놀라고 말았다. 이 편지에는 추후 슈바르츠실트의 해라고 불리게 될 내용이 담겨 있었다.

슈바르츠실트와 아인슈타인은 물체가 매우 작은 부피로 압축될 경우, 시공간 계곡의 경사가 매우 심해져 바닥이 없는 우물과 같은 형태가 되며 여기에서는 어떤 것도, 심지어 빛조차도 빠져 나올 수 없다는 사실을 인식했다. 하지만 이렇게 되기 위해서는 태양을 지름 6km 정도의 크기로 압축해야 했는데, 두 사람은 이를 거의 불가능한 상황으로 간주했기 때문에 블랙홀의 존재를 예측하지 못했다. 블랙홀이라는 개념이 대중화되기 시작한 것은

1967년 휠러에 의해서였다.

대부분의 물리학자들은 물체가 슈바르츠실트 반지름 이내로 축소되어 블랙홀이 되기 전에 어떤 자연의 힘이 개입해 그러한 참사를 막는다고 생각했다. 하지만 1930년, 당시 19세였던 인도 출신의 수학 신동 수브라마니얀 찬드라세카르Subrahmanyan Chandrasekhar는 매우 큰 질량을 가진 항성이 연료를 모두 소진하고 자체 중력을 이겨낼 수 있을 정도의 내부 열을 더 이상 생성할 수 없는 상태가 되면, 어떤 힘도 이 항성이 붕괴되어 블랙홀을 형성하는 것을 막을 수 없다는 사실을 입증했다. 순식간에 사라진 항성은 계속해서 수축하면서 무한대의 밀도를 지니는 특이점에 이르게 된다(54페이지 '특이점' 참조).

특이점에서는 물리학의 법칙이 더 이상 통용되지 않는다. 이렇게 괴물 같은 존재를 자연이 허용할 리가 없지 않을까? 하지만 1971년 폴 머딘Paul Murdin과 그의 동료들은 NASA의 우후루Uhuru X-선 위성을 이용해 최초의 항성질량 블랙홀stellar-mass blackhole인 백조자리 X-1Cygnus X-1을 발견했다. 그러나 이것은 최초로 발견된 블랙홀이 아니었다. 완전히 다른 종류의 블랙홀이 한 세대 전인 1963년에 우연히 발견되었었기 때문이다.

슈미트에 관하여

네덜란드 출신의 미국 천문학자인 마르틴 슈미트Maarten Schmidt는 새롭게 탄생한 은하의 엄청나게 밝은 중심인 퀘이사quasar(항성에 준하는 별을 뜻하며 준성이라고도 불림)를 발견했다. 퀘이사는 항성으로 이루어진 은하가 지닌 에너지의 100배에 해당하는 에너지를 내뿜고 있지만 그 크기는 태양계보다 작다. 이처럼 매우 강력한 광원의 유일한 후보는 블랙홀이다. 즉, 뜨겁게 가열된 물질이 마치 배수구로 물이 내려가는 것처럼 블랙홀로 소용돌이치듯 빨려 들어가면서 빛을 내는 것이다. 하지만 퀘이사는 항성질량 블랙홀에서는 보이지 않는다. 태양 질량의 최대 500억 배에 달하는 질량을 지닌 초대질량 블랙홀supermassive black hole에서만 관측되는 것이다.

"특이점에서는 물리학의 법칙이 더 이상 통용되지 않는다. 이렇게 괴물 같은 존재를 자연이 허용할 리가 없지 않을까?"

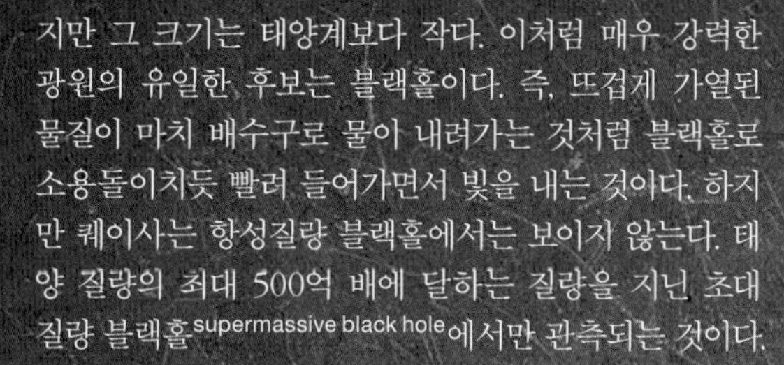

맞은편: 1970년 메릴랜드주 고다드 우주비행센터에서 NASA 우후루 X-선 위성 발사 전 점검하는 모습.

아래: 최초로 발견된 항성질량 블랙홀인 백조자리 X-1 (SAS-1으로도 불림) 주위 활동을 상상한 그림. 항성으로부터 끌어 당겨진 물질이 블랙홀에 의해 '삼켜진다'.

처음에는 이러한 초대질량 블랙홀이 전체 은하의 1% 정도에 해당되는, 즉 퀘이사를 특징으로 하는 활발한 은하에서만 존재할 것으로 생각되었다. 하지만 1990년대 천문학자들은 지구 공전 궤도를 돌고 있는 NASA의 허블우주망원경을 이용해 초대질량 블랙홀이 거의 모든 은하의 중심에 존재한다는 사실을 발견했다. 우리 은하Milky Way의 중심에 있는 블랙홀은 궁수자리 Sagittarius A*라는 아주 작은 것으로, 이것의 질량은 태양 질량의 430만 배에 불과하다. 초대질량 블랙홀이 모든 은하에 존재하는 이유는 아직까지 풀리지 않은 우주론의 과제이다.

관측 천문학자들에 의한 블랙홀의 발견은 매우 충격적이었다. 그러나 이는 이론물리학자들에 의해 속속들이 밝혀진 블랙홀의 성질이 가져온 충격에 비할 정도는 아니었다. 자, 이제 호킹이 등장할 차례다.

호킹의 기여

호킹은 로저 펜로즈와 함께 빅뱅 특이점에 관해 연구한 이후 블랙홀로 관심을 돌렸다. 그는 다른 물리학자들과 함께 이들 우주 진공 청소기에 관한 여러 정리定理를 증명했다. 이 중 가장 두드러진 발견은, 블랙홀의 성질을 결정하는 요인은 질량과 회전 속도뿐이며 블랙홀을 형성한 항성의 모양과는 상관없다는 것이다. 사실 블랙홀은 매우 단순한 존재이다. 1983년 노벨물리학상을 수상한 찬드라세카르는 "자연에 존재하는 블랙홀은 우주를 통틀어 가장 완벽한 거시 세계 물체입니다. 블랙홀의 형성에 관여하는 유일한 요소는 시공간에 대한 우리의 개념뿐이죠"라고 말했다.

호킹의 두 번째이자 가장 유명한 업적은 그와 펜로즈가 빅뱅으로부터 얻은 통찰에 기반한다. 아인슈타인의 이론이 특이점에는 적용되지 않는다고 해서 우주의 시작을 알 수 없는 것은 아니다. 영겁의 시간을 관통하기 위해서는 아인슈타인의 이론을 능가하는 또 다른 이론이 필요하다는 의미일 뿐이다. 이러한 이론은 원자와 이를 구성하는 입자에 관한 이론이자 우리가 발을

디디고 있는 곳은 왜 고체이며 태양은 왜 빛나는지를 설명해주는 이론, 나아가 레이저와 컴퓨터, 그리고 원자로를 탄생시킨 이론인 양자이론으로 여겨졌다. 하지만 그 누구도 이 양자이론과 아인슈타인의 이론을 어떻게 조합시켜야 하는지 알지 못했다. 이들 두 이론의 통합은 오늘날까지도 물리학의 가장 궁극적인 미해결 과제로 남아 있다.

호킹은 양자이론을 이용해 특이점이 드리운 장막을 걷어내고자 했고, 이를 통해 빅뱅에서의 특이점과 블랙홀의 중심에서의 특이점 문제를 해결하려 했다. 하지만 이는 결코 만만한 작업이 아니었기에 호킹은 좀 더 쉬운 문제부터 접근하기로 했다.

위: 2009년 히브리대학에서의 제이콥 베켄슈타인. 블랙홀과 엔트로피에 관한 그의 연구 결과는 호킹 복사의 발견에 간접적인 영향을 끼쳤다.

맞은편: 호킹 복사를 실제로 '관측'하려면 멀리 존재하는 초대질량 블랙홀에 탐사선을 보내거나 지구상에 이와 유사한 환경을 만들어야 한다.

지평선에 관하여

블랙홀의 핵심이 되는 특이점은 (슈바르츠실트 반지름으로 규정되는) 사건의 지평선event horizon에 가려져 있다. 이 지평선은 블랙홀에 떨어지는 물체가 다시 되돌아올 수 없는 불귀점不歸點, point of no-return을 가리킨다. 어떤 것도 사건의 지평선을 넘어서면 되돌아올 수 없는 것이다. 이는 또한 천문학자들이 블랙홀의 크기를 논할 때 기준이 되는 지평선이기도 하다.

1974년, 호킹은 사건의 지평선에 관한 놀라운 사실을 발견하였으나 이는 당시 물리학자들로서는 도저히 받아들이기 힘든 내용이었다. 이를 제대로 이해하기 위해서는 먼저 양자이론의 관점에서 빈 공간의 개념을 알아야 한다. 빈 공간은 사실 비어 있는 것이 아니라 에너지가 끓어오르고 있다. 이 곳에서는 하이젠베르크의 불확정성 원리Heisenberg Uncertainty Principle에 따라 아원자입자와 이들의 반입자가 쌍을 이루며 지속적으로 나타난다. 이들은 매우 빠른 속도로 결합하고 또 파괴되기 때문에 인류의 시야에서 벗어난 영역에 존재했고, 이들을 생성하는 에너지가 어디서 왔는지 역시 알 길이 없었다. 마치 십대 청소년이 엄마 차를 몰래 훔쳐 타고 나서 엄마가 눈치채기 전에 다시 차고에 가져다 놓는 것과 유사한 상황이라 할 수 있다.

하지만 호킹은 블랙홀의 지평선 근처에서 흥미로운 일이 벌어진다는 사실을 발견했다. 새롭게 생성된 한 쌍의 입자 중 하나가 지평선을 넘어 블랙홀로 들어갈 가능성이 있다. 그러면 남은 입자는 함께 소멸될 짝이 없기 때문에 같은 처지에 놓인 입자들과 함께 블랙홀에서부터 멀리 날아가 버린다. 즉, 예상과 달리 블랙홀은 완전히 검지는 않은 것이다. 블랙홀은 방출되는 입자로 인해 빛을 내며 이를 호킹 복사Hawking radiation라 부른다.

호킹이 초창기에 발견했던 블랙홀 정리 중 하나는, 블랙홀들끼리 서로 합쳐질 때 각 블랙홀의 지평선 면적의 합보다 합쳐진 블랙홀의 지평선 면적이 항상 더 크다는 것이었다. 이스라엘 출신의 물리학자 제이콥 베켄슈타인Jacob Bekenstein은 이 표면적이 블랙홀의 엔트로피를 나타내는 것으로 추정했다. 엔트로피는 물리학과 화학 등 여러 분야의 기초가 되는, 열과 움직임에 관한 이론인 열역학 법칙에서 나오는 성질로 항상 증가하는 특징이 있다. 하지만 이는 열을 지닌 물체에서만 통용되는 성질인데, 어떻게 블랙홀에 적용될 수 있을까?

호킹은 이 질문에 대한 답을 찾았다. 블랙홀은 열을 지니기 때문에 열역학 법칙이 적용될 수 있는 것이다! 즉, 블랙홀은 온도가 있는 것이다. 이에 대한 증거가 바로 호킹 복사, 즉 블랙홀이 열을 내면서 빛난다는 사실이다. 이는 블랙홀의 지평선에서 세 개의 위대한 이론, 즉 아인슈타인의 중력이론, 양자이론, 그리고 열역학이 만난다는 의의를 지닌다. 이들 세 이론의 통합, 즉 물리학의 성배를 향한 도전은 이미 시작되었었다. 하지만 호킹은 호킹 복사라는 개념을 통해 중요한

"빈 공간은 사실 비어 있는 것이 아니라 에너지가 끓어오르고 있다. 이 곳에서는 아원자입자와 이들의 반입자가 쌍을 이루며 지속적으로 나타난다."

건초 더미(헤이스택)에서 바늘 찾기

Event Horizon Telescope에 관한 모든 것

호킹은 말년에 블랙홀에 관해 완전히 새로운 주장을 내놓았다. 즉, 블랙홀이 실제로 검지 않다는 것이다. 그는 아무 것도 빠져나가지 못하는 사건의 지평선이 아닌 겉보기 지평선만이 블랙홀에 존재할 수 있으며, 아무 것도 빠져나가지 못하는 것처럼 보일 뿐이라고 주장했다. 이 주장의 진위를 확인하기 위해서는 보다 큰 망원경이 필요할 것이다. EHT는 이런 망원경을 만들기 위해 현재 진행 중인 프로젝트로, 단일 망원경이 아니라 전 세계 여러 곳의 관측소로부터 데이터를 수집하는 방식을 취한다. 이들 데이터의 분석은 미국 MIT의 헤이스택 관측소와 독일 막스플랑크 전파천문학연구소에서 담당한다.

위: 끈이론에서는 우주의 모든 물질과 에너지가 진동하고 있는 기다린 끈으로 이루어져 있다고 한다. 이 이론은 현재 모든 것의 통합 이론에 가장 근접한 후보라 할 수 있다.

질문을 던졌고, 이를 해결하는 것은 성배를 향한 한 단계 도약을 의미했다.

블랙홀의 중력을 탈출할 수 있는 것은 아무 것도 없기 때문에, 호킹 복사에서 입자는 블랙홀의 내부에서 나오는 것이 아니라 지평선의 외부에서 생성된다. 하지만 입자가 생성되기 위해서는 에너지가 필요한데, 이는 블랙홀 자체의 중력 에너지로부터 온다. 결국 블랙홀은 호킹 복사를 하면서 점점 작아지게 된다.

항성 크기의 블랙홀들은 매우 약한 호킹 복사를 지니지만 블랙홀의 크기가 작아질수록 점차 밝은 빛을 방출하면서 종국에는 눈부신 섬광과 함께 폭발하고 만다. 이러한 '증발evapotation' 과정은 우주의 나이보다 훨씬 더 오래 걸리기 때문에 큰 의미가 없어 보일지도 모른다. 하지만 결코 그렇지 않다.

물리학에는 '모든 정보는 파괴되지 않는다'는 기본 원칙이 있다. 붕괴하면서 블랙홀을 형성한 항성을 온전히 기술하기 위해서는 이를 구성하는 아원자입자 하나하나의 종류와 위치를 모두 기록해야 한다. 하지만 블랙홀이 증발하고 나면 그 자리에는 아무 것도 남지 않는다. 그렇다면 이러한 정보는 모두 어디로 가는 것일까?

호킹의 오판

호킹은 블랙홀 정보 역설black hole information paradox로 알려진 이 문제를 해결하기 위해 혼신의 노력을 다했지만 결국 난감한 상황에 처하고 말았다. "블랙홀에서 정보가 파괴된다고 생각했었죠. 하지만 이는 제 생애 최대의 실수였습니다." 호킹이 말했다.

1993년, 네덜란드 위트레흐트대학 소속의 노벨상 수상자인 헤라르뒤스 토프트Gerardus t'Hooft는, 미시적 관점에서 볼 때 블랙홀의 지평선은 매끄럽고 형태가 없는 것이 아니라 거칠고 불규칙적이며, 블랙홀을 만든 항성을 기술하는 정보는 바로 이 지평선의 불규칙한 봉우리들 안에 저장되어 있다고 했다.

블랙홀에서 없어진 정보가 사건의 지평선에 기록되어 있다는 토프트의 주장이 있은 지 얼마 지나지 않아

"호킹은 블랙홀 정보 역설로 알려진 이 문제를 해결하기 위해 혼신의 노력을 다했지만 결국 난감한 상황에 처하고 말았다."

위: 컴퓨터 소프트웨어를 통해 시뮬레이션한 블랙홀의 모습. 여러 가지 색은 사건의 지평선 주위를 휘몰아치고 있는 가스의 온도를 나타낸다.

스탠포드대학의 레너드 서스킨드Leonard Susskind는 끈이론을 통해 이를 구현할 수 있다는 사실을 입증했다. 끈이론에서 만물을 구성하는 최소 단위는 미세한 입자가 아니라 질량-에너지를 가지고 진동하는 작은 끈이다. 이는 현재까지 제시된 이론 중에서 유일하게 아인슈타인의 상대성이론 및 광양자가설 모두에 부합된다.

서스킨드는 블랙홀의 사건의 지평선을, 진동하는 끈이 모여서 꿈틀대는 덩어리로 간주했다. 그리고 이를 바탕으로 1997년 US 산타바바라의 앤드루 스트로민저Andrew Strominger와 하버드대학의 캄란 바파Cumrun Vafa는 베켄슈타인이 계산한 블랙홀 엔트로피를 정확히 예측할 수 있었다.

호킹 복사는 블랙홀의 사건의 지평선보다 아주 약간 위의 진공에서 발생하기 때문에, 이 진공막의 미세한 요동undulation에 의한 영향을 받을 수 밖에 없다. 이 요동은, 팝송의 음표가 라디오 방송국의 반송파를 조절하는 것과 같은 방식으로 호킹 복사를 조절한다. 즉, 항성에 담겨 있던 정보는 이러한 방식으로 호킹 복사에 영구히 각인된 채 우주로 전송되는 것이다. 결국 어떤 정보도 소실되지 않으며 이로써 물리학의 중요한 기본 원칙 한 가지도 보존된다.

블랙홀 정보 역설을 해결할 수 있는 이 가설은 아직까지 추측에 불과하다. 또한 아인슈타인의 중력이론과 양자이론을 통일할 수 있는 좀 더 심오한 이론은 아직까지 등장하지 않았다. 하지만 이 가설이 맞다면 이는 분명 놀라운 일이 아닐 수 없다. 3차원 물체인 항성을 온전히 기술하는 정보가 2차원 표면인 블랙홀의 지평선에 완벽하게 보존되는 것이니 말이다. 이로 인해 지평선은 마치 신용카드에 새겨진 홀로그램 이미지와 유사한 것이 된다. 전생前生의 모습으로 올챙이 형상의 홀로그램을 지닌 개구리를 상상해보자. 블랙홀은 전생의 모습으로 항성 형상의 홀로그램을 지닌 것이다.

미래의 관측

호킹 복사는 우주 공간에서 실제로 관측된 적이 없을 뿐만 아니라 항성질량 블랙홀에서는 매우 약하기 때문에 조만간 발견될 가능성도 거의 없다. 하지만 최근 물리학자들은 독창성을 발휘해 지상의 실험실에서 사건의 지평선과 거의 유사한 모형을 만들어 냈다.

"호킹 복사는 천체물리학에만 해당되는 내용이 아니라 천체물리 블랙홀과 유사 블랙홀 모두에 적용되는 일반적인 예측입니다. 그렇기 때문에 실험실에서 검증할 수 있다는 장점이 있죠." 프랑스 국립과학연구원CNRS의 제르마 루소Germain Rousseaux가 말했다. 2016년 루소가 이끄는

퀘이사는 새로운 은하의 중심에 있는 매우 밝은 물체이다. 여기서 나오는 강렬한 빛은 초대질량 블랙홀에 빨려 들어가는 물질로부터 나온다.

NASA/CXC/M WEISS

팀은 물 탱크에서 호킹 효과를 확인하는 데 성공했다.

한편 실제 우주에서 블랙홀의 지평선을 확인하고자 하는 시도도 계속되고 있다. 문제는 우리 은하 내의 항성질량 블랙홀은 크기가 작고 검다는 사실이다. 반면 초대질량 블랙홀은 크긴 하지만 너무 멀리 떨어져 있기 때문에 역시 작게 보인다. 하지만 비교적 가까이 위치하고 있으면서 크기도 상당히 큰 블랙홀이 하나 있다. 바로 우리 은하의 중심에 있는 블랙홀이다.

2018년 4월, 천문학자들은 전 세계의 전파망원경을 하나로 연결한 사건의 지평선 망원경Event Horizon Telescope, EHT을 통해 지구로부터 26,000광년 떨어진 우리 은하 중심의 궁수자리 A*를 관측하는 프로젝트를 시작했다. 즉, 이들은 8개 지역에 있는 전파망원경을 이용해 지구 크기만한 망원경을 만든 후 라디오 신호를 측정했고, 이를 미국 MIT의 헤이스택 관측소Haystack Observatory로 보내 수개월이 소요되는 분석 작업에 들어간 것이다. 망원경이 클수록 관측 파장은 짧아지며(EHT의 경우에는 1.3mm의 파장을 사용했다) 천체를 더욱 확대해서 볼 수 있게 된다.

EHT는 최근 호킹이 제시한, 다소 논란의 여지가 있는 주장을 확인할 예정이다. 블랙홀은 검지 않으며 호킹 복사를 방출한다는 주장으로 물리학계를 충격에 빠뜨렸던 그는, 2014년 다시 한 번 충격적인 발언을 했다. 사건의 지평선은 존재하지 않으며, 엄밀하게 말하면 블랙홀도 존재하지 않는다고 주장한 것이다!

호킹에 의하면, 항성과 같은 물체가 붕괴되어 블랙홀을 형성하는 과정은 매우 무질서하며, 이때 실제로 만들어지는 것은 지평선이 아니라 극심한 시공간 요동의 경계일 뿐이다. 따라서 정보는 이러한 겉보기 지평선apparent horizon을 통해 빠져 나올 수 있다. 호킹은 극적인 결론을 내렸다. "사건의 지평선이 없다는 것은, 빛이 무한정 빠져 나오지 못하는 체제로서의 블랙홀은 존재하지 않는다는 뜻입니다. 하지만 일정 기간 동안 지속되는 겉보기 지평선은 존재합니다."

이는 블랙홀이 우리가 생각했던 존재가 아니라는 의미이다. 그렇다면 블랙홀 주위의 지평선은 불귀점이 맞을까? 아니면 호킹의 말처럼 블랙홀 내부의 물질이 스며 나오는 겉보기 지평선에 불과한 것일까? 이에 대한 해답을 얻기 위해서는 지평선을 관찰하는 수 밖에 없다. 그래서 이것이 아인슈타인의 예측에 합당한지 또는 정말로 존재하기는 하는지 확인하는 것이다. "관측 영상을 통해 아직까지 한 번도 확인할 수 없었던 블랙홀 경계에서의 일반상대성이론을 검증할 수 있을 겁니다. 블랙홀과 중력을 이해하는 데 있어 중요한 전환점이 되겠죠." MIT의 셉 돌먼Shep Doeleman이 말했다.

내년 정도면 우리는 EHT로 관측한, 블랙홀의 사건의 지평선 이미지를 최초로 얻을 수 있을 것이다. 그리고 이는 분명 아폴로 8호가 찍은, 달의 지평선 위로 떠오르는 지구의 사진 못지 않게 중요한 의미를 지닐 것이다. 스티븐 호킹이 그 사진을 볼 수 없다는 사실이 애석할 따름이다. F

무경계 우주

빅뱅 이전에 무엇이 있었는지를 묻는 것은 빅뱅이 제기하는 난해한 질문이다.
호킹은 이에 대한 해답은 내놓지 못했지만 차선책을 제시하기는 했다.

글_마커스 초운

주는 영원불변의 존재가 아니므로 분명 탄생한 시점이 있다. 138억 년 전 모든 물질과 에너지, 공간, 심지어 시간까지도 빅뱅이라 불리는 엄청난 불덩어리로 분출되면서 탄생했다. 불덩어리는 팽창하기 시작했고 냉각되는 잔해들이 서로 엉겨 붙으면서 은하를 만들었다. 이들은 엄청난 규모의 항성 집단으로, 우리가 속한 은하를 포함해 무려 2조 개의 은하가 존재할 것으로 추측된다. 이것이 바로 빅뱅이론이다.

우주가 마치 모자 속에서 토끼가 나오듯이 갑작스럽게 만들어졌다는 이 이론을 지지하는 증거는 충분하다. 그렇지 않다면 대부분의 과학자들은 이를 말도 안 되는 이론으로 치부하며 무시해 버렸을 것이다. 하지만 확실한 증거들 앞에서 이들은 빅뱅 이론을 받아들일 수 밖에 없었다. 그렇지만 이렇게 피치 못해 인정하는 모습을 이해하지 못하는 것은 아니다. 빅뱅이 일어났다는 사실을 받아들이게 되면 이어지는 난처한 질문, 즉 '빅뱅 이전에는 무엇이 있었을까?'와 마주하게 되기 때문이다.

최근 수년 동안 많은 천문학자들은 빅뱅 우주가 유일하지 않으며 셀 수조차 없이 많은 우주의 일부에 지나지 않는다는 사실을 믿게 되었다. '인플레이션 진공 inflationary vacuum'이라는 거대한 대양에서 마치 거품이 형성되듯이 우주가 지속적으로 생성되는 것이다. 그리고 인플레이션 진공은 점점 더 빠르게 팽창하면서 더욱 더 많은 빅뱅 우주를 생성하는 일을 무한히 지속한다. 이러한 이론은 이론물리학자들에게 희망을 주었다. 인플레이션이 멈추지 않고 영원히 계속된다면 시작 또한 없지 않았을까? 그러나 이 같은 희망은 산산이 부서지고 말았다. 인플레이션이 무한정 지속될 수는 없는 것으로 보이기 때문이다. 이제 '빅뱅 이전에는 무

NASA/HUBBLE SPACE TELESCOPE

엇이 있었을까?'라는 질문이 다시 고개를 쳐들게 된다.

스티븐 호킹은 그의 저서 『시간의 역사』의 첫 페이지에서 어떤 에피소드를 회고하며 이 문제에 대해 넌지시 언급한 적이 있다. 한 유명한 과학자(호킹은 이 사람이 아마도 버트란트 러셀일 거라고 했다)가 우주의 현재 모습에 관해 대중을 상대로 강연을 하고 있었다. 그는 지구가 태양 주위를 공전하고 태양은 다시 은하라 불리는 거대한 별무리의 중심에 대해 공전한다고 설명했다. 강연을 마치자 강의장 뒤편에 있던 조그마한 체구의 할머니 한 명이 일어나며 말했다. "교수님의 말은 완전히 엉터리군요. 지구가 거대한 거북이 등에 있다는 사실을 모르는 사람은 아무도 없어요."

"좋습니다. 그럼 거북이는 무엇을 밟고 있죠?" 러셀이 인내심을 가지고 말했다.

"그건 너무 뻔한 질문이네요. 거북이는 끝도 없이 이어져 있지요!" 할머니가 고집스럽게 대답했다.

"이처럼 끝없이 이어지는 '빅뱅 이전에는 무엇이 있었을까'라는 질문은 피할 수 없는 것처럼 여겨질지 모른다."

이처럼 끝없이 이어지는 '빅뱅 이전에는 무엇이 있었을까'라는 무한 회귀infinite regress는 피할 수 없는 것처럼 여겨질지 모른다. 하지만 놀랍게도 1980년대 초 스티브 호킹은 이에 대한 해결책을 찾아냈다. 당시 그는 UC 산타바바라의 물리학자 짐 하틀Jim Hartle과 함께 연구하고 있었다.

호킹과 하틀은 아인슈타인의 중력이론에 의하면 우주의 탄생 시점에서 특이점이 나타나게 된다는 사실을 잘 알고 있었다. 이는 어찌 보면 당연한 것으로, 호킹 자신

이 로저 펜로즈와 함께 이러한 특이점은 피할 수 없으며 이 지점에서는 일반상대성이론이 성립하지 않는다는 사실을 입증했기 때문이다(54페이지 '특이점' 참조).

빅뱅 초기의 우주는 원자보다 작았다. 그리고 이러한 미시 세계를 기술하는 이론은 양자이론이다. 따라서 대부분의 과학자들은 우주의 탄생과 기원을 이해하기 위해 양자중력이론이 필요하다고 생각한다.

양자이론에서는 원자와 같이 그 실체가 알려진 모든 것들을 파동함수라는 수학적인 표현으로 나타낼 수 있다. 그렇기 때문에 호킹과 하틀은 우주 전체를 나타내는 파동함수를 기술하고자 했다.

그들은 얼마 지나지 않아 매우 놀라운 발견을 했다. 아인슈타인의 중력이론이 기존과 같이 3차원 공간과 1차원 시간을 기술하는 대신, 3차원 공간과 1차원 '허수시간'을 기술하도록 다시 만들 수 있다는 것이다. 허수시간은 기이한 수학적 개념이지만 공간과 동일한 양상을 보이는 특징이 있다. 호킹과 하틀은 우주의 파동함수가 오늘날에는 공간과 시간 모두에서 존재하지만 처음에는 공간에서만 시작되었을 수 있다는 사실을 증명할 수 있었다.

이러한 주장은, 아인슈타인의 이론이 예측한 빅뱅 특이점이 시간에서만 존재하며, 따라서 시간을 제거하면 특이점이 자동적으로 소실된다는 데 그 의의가 있다. 이 이론에서는 아인슈타인의 중력이론에서와 같은 오류는 나타나지 않는다. 하지만 여기서 가장 중요한 것은 '빅뱅 이전에는 무엇이 있었을까?'와 같은 질문이 '북극점의 북쪽에는 무엇이 있을까?'를 묻는 것과 마찬가지로 무의미한 질문이 된다는 사실이다. 이러한 소위 무경계 조건no-boundary condition를 통해 호킹과 하틀은 '빅뱅 이전에는 무엇이 있었을까?'와 같은 질문을 피해 갈 수 있게 되었다. '이전'은 시간에서만 유효한 개념이기 때문에 무경계 조건에서는 존재하지 않았다.

다시 말해서 거북이가 무엇을 밟고 있는지를 묻는 것은 과학적인 관점에서 합리적인 질문이 아닌 것이다. F

위: 로저 펜로즈는 특이점에 관한 연구 및 우주 태동의 이해에 대한 공헌으로 1988년 스티븐 호킹과 함께 울프상을 공동 수상했다.

오른쪽: 약 138억 년 전, 특이점으로부터 우주가 시작되었고 초기 팽창기의 우주는 원자보다 작았다.

왼쪽: 하나 이상의 입자 시스템의 양자 상태를 기술하는 파동함수. 스티븐 호킹과 짐 하틀은 우주에 대한 파동함수를 찾으려 했다.

아래: 거북이가 계속 아래로 이어진다는 피할 수 없는 질문은 '무엇이 거북이를 받치고 있는가'라는 질문을 낳는다. 이러한 무한 회귀는 '빅뱅 이전에는 무엇이 있었을까?'를 묻는 것과 유사하다.

"빅뱅 초기의 우주는 원자보다 작았고, 이를 기술하는 이론은 양자이론이다."

한 가지 더…
호킹의 마지막 예측

호킹은 마지막 순간까지 우주의 비밀을 밝히기 위해 연구에 매진했고,
임종 직전 수개월 동안 다중우주라는 개념으로 인해
제기된 문제와 씨름했다.

글_마커스 초운

WIL STEWART/UNSPLASH, STEPHEN HAWKING FACEBOOK

위: 스티븐 호킹은 벨기에 루뱅대학의 토마스 헤르토흐와의 협업을 통해 다중우주의 개념에 대한 해법을 제시했다.

아인슈타인의 중력이론은 블랙홀의 중심부와 빅뱅의 특이점에서는 적용되지 않는다. 그렇기 때문에 이 이론은 모든 것을 설명할 수 있는, 보다 심오한 이론의 근사이론일 것이다. 물리학자들은 이 '모든 것의 이론'이 거시 세계의 이론(아인슈타인의 중력이론)과 미시 세계의 이론(양자이론)을 통합할 것으로 기대한다. 1974년, 호킹은 천재성을 발휘해 아직 모든 것의 이론이 없음에도 불구하고 무엇인가를 예측할 수 있는 곳을 하나 찾아냈다. 바로 블랙홀을 둘러싼 사건의 지평선으로 호킹 복사의 존재를 예측한 것이다. 그는 말년에 이와 같은 의미 있는 예측을 할 수 있는 곳을 하나 더 발견했다. 바로 빅뱅 그 자체였다.

호킹은 벨기에 루뱅대학의 토마스 헤르토흐와 함께, 1980년대 초반 자신과 하틀이 제창한 무경계 우주라는 개념에 보다 견고한 이론적 토대를 마련하고자 했다(70페이지 '무경계 우주' 참조). 다행히도 그들은 자신들의 모형을 통해 우리 우주가 인플레이션 시기를 거쳐 탄생했음을 예측했다. 이 인플레이션은 1초도 안 되는 짧은 시간에 발생한 우주의 급격한 팽창으로 오늘날 표준 빅뱅 모델의 핵심 내용이다.

균일한 온도

빅뱅 우주에서 서로 멀리 떨어진 지역간에는 접촉이 없어서 온도 평행을 위한 열 교환이 일어나지 않았음에도 불구하고 오늘날 우주는 어느 곳에서나 동일한 온도를 갖는다. 그 이유는 바로 인플레이션으로 설명할 수 있다. 초창기에 매우 빠르게 팽창한 우주는 열 교환이 가능할 정도로 아주 작은 크기에서 시작했지만 우주 나이 138.2억 년 동안 현재의 크기에 도달할 수 있었다.

인플레이션은 척력을 지닌 고에너지 상태의 진공에 의해 유발되며, 이 척력으로 인해 진공이 팽창하면서 커졌다. →

"그는 말년에 호킹 복사가 일어나는 곳을 한 군데 더 발견했다고 했다. 이는 바로 빅뱅 그 자체였다."

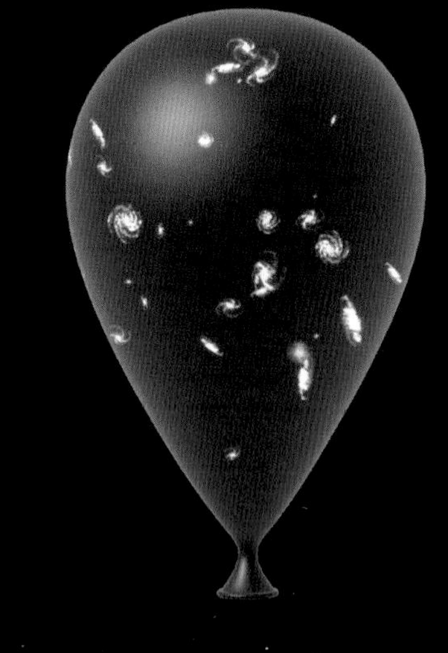

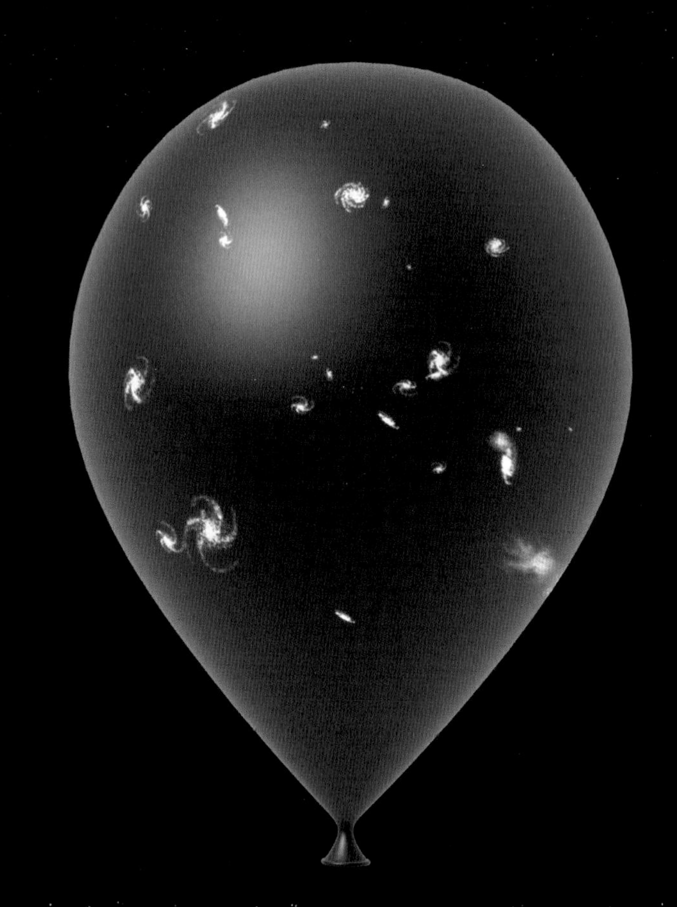

위: 우주의 팽창은 풍선의 팽창과 유사하다. 은하들은 팽창하는 풍선에 있는 것처럼 서로 멀어지게 된다.

진공의 에너지가 클수록 척력이 커졌고 팽창 속도도 빨라졌다. 하지만 인플레이션 진공은 양자이론의 지배를 받았기 때문에 기본적으로 예측이 불가능했고, 어느 곳에서든지 우리가 일상에서 마주치는 '정상'적인 진공으로 돌아갈 수 있었다. 대양이 팽창할 때 형성되는 거품을 생각해보자. 각각의 거품 안에서 인플레이션 진공의 에너지는 어디론가 가야 한다. 우리 우주의 탄생 초기에 이 에너지는 물질을 생성했고 이들을 격렬하게 가열해 고온의 상태로 만들었다. 즉, 빅뱅을 유발한 것이다. 이러한 시나리오에서는 빅뱅이 마치 불붙기 시작하는 폭죽처럼 인플레이션 진공의 전반에 걸쳐 지속적으로 폭발한다. 우리는 이를 빅뱅 거품들 중 하나에서 살고 있는 것이다.

하지만 인플레이션 진공은 소멸 속도보다 생성 속도가 빠르기 때문에 한번 시작된 인플레이션은 결코 끝나지 않는다. 영원히 지속되면서 우주의 앙상블, 즉 다중우주를 만드는 것이다.

양자이론과 상대성이론을 통합할 수 있는 유일한 이론 체계는 끈이론이다. 여기에서는 물질을 이루는 기본 구성 요소를, 진동하고 있는 아주 미세한 질량-에너지의 끈으로 간주한다. 끈이론이 모든 것의 이론이 되지 않을까 하는 기대도 있었지만, 적어도 10,500개의 끈 진공string vacua이 존재하며 이들은 서로 다른 기본 입자와 기본 힘을 지니고 있다는 사실이 밝혀지면서 이러한 희망은 무너지고 말았다.

호킹과 헤르토흐를 비롯한 몇몇 연구자들은 끈 진공을 영원한 인플레이션이 일어나는 다중우주와 동일시한다. 하지만 이렇게 되면 우주론은 머리에 쥐가 날 정도로 복잡해지고 검증이 거의 불가능하게 된다. "우리는 다중우주를 길들이기로 마음먹었습니다"라고 헤르토흐는 말한다.

남겨진 것들

호킹과 헤르토흐는 다중우주의 문제를 해결하기 위해 4차원 시공간에서의 아인슈타인의 중력이론이 3차원 상의 끈이론에 대응하는 것으로 보인다는 사실에 주목했다. 그리고 이러한 '홀로그램 이중성holographic duality'을 이용해 문제를 좀 더 쉽게 만들 수 있었다. 그들은 이 방식을 이용한 선별 과정을 통해 다수의 우주들을 걸러내고, 우리 우주와 유사한 것들만 남기면서 결국 다중우주에 포함된 우주의 수를 급격하게 줄일 수 있다는 사실을 발견했다.

아직까지 이론물리학자들이 우리 우주를 통계적으로 설명하지 못한 부분이 있다. 우리가 살고 있는 우주는 다중우주에서 대표성을 띤 가장 흔한 우주인가? 또한 전자와 중력 등에 대해서도 대표성을 지닌 곳인가? 이에 대한 답을 찾는 것은 다중우주에 속한 엄청난 수의 우주들을 고려할 때, 불가능하지는 않더라도 매우 어려운 일일 것이다. 하지만 호킹과 헤르토흐는 그들의 축소된 다중우주를 사용할 경우 그 답을 훨씬 쉽게 추론할 수 있을 것이라고 한다. "우리는 다중우주의 다른 지역을 관측하지는 못하더라도 우리 우주를 설명할 수는 있을 거예요. 이 논문은 빅뱅의 무경계 모형을 우주론 예측이 가능한 체계로 전환하는 계기가 될 겁니다." 헤르토흐가 말했다. F

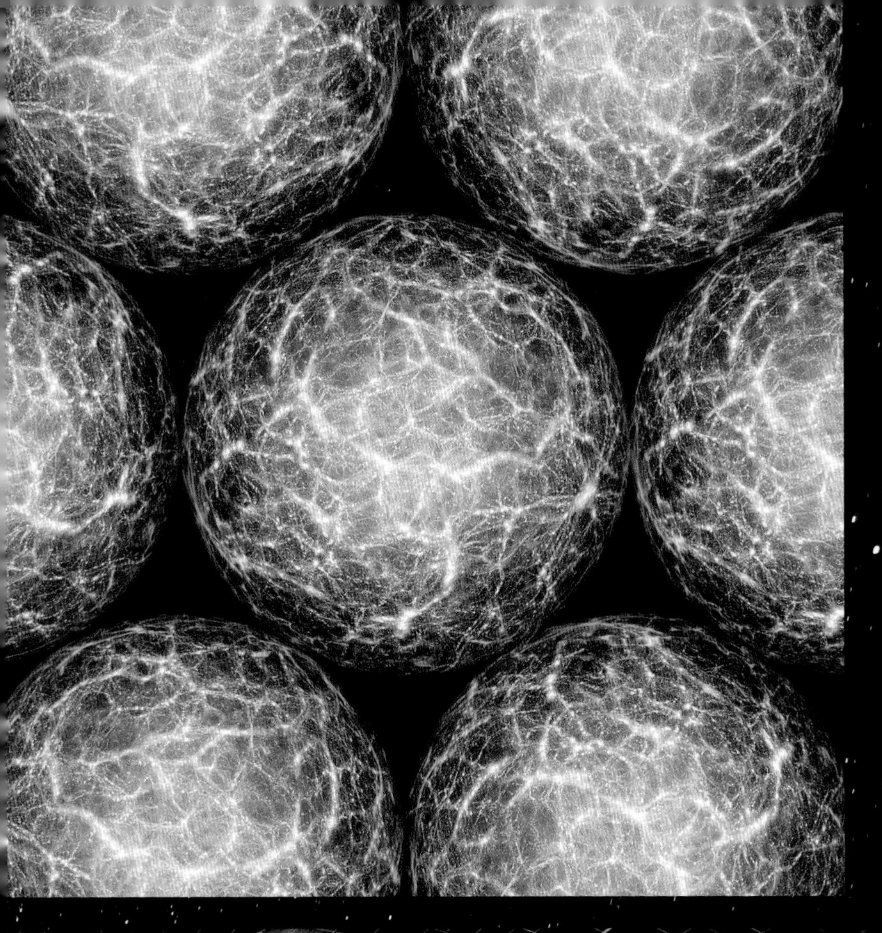

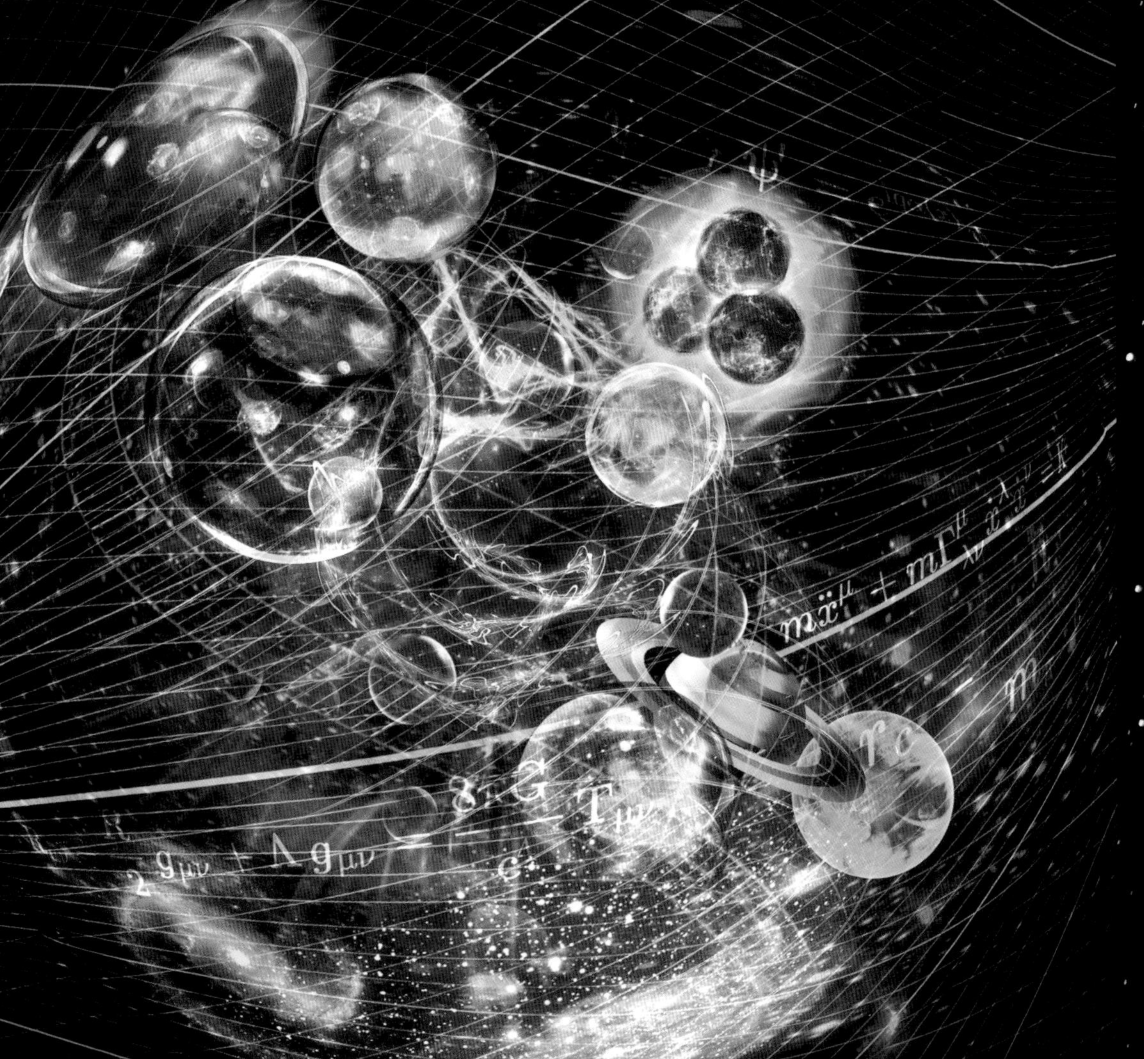

왼쪽 위: 인플레이션은 빛보다 빠르게 진행되며, 서로 완전히 격리되는 거품 우주를 형성했을 수 있다.

위: 가짜 진공false vacuum이 생성한 척력으로 인해 엄청나게 빠르게 팽창한 초기 우주에서 거품 우주가 형성되었을 수 있다.

왼쪽: 모든 것의 이론은 아직까지 가설에 불과하지만 양자 이론과 일반상대성이론을 통합하려는 이론이다.

3부
호킹의 유산

나약한 육체 안에 숨겨진 불굴의 정신력. 과학적 업적만 놓고 보더라도
호킹은 위대한 과학자들 가운데서 두각을 나타낸다.
하지만 그의 인간성 역시 그의 업적 못지 않게 많은 영향을 미쳤다.
그는 장난기 넘치는 유머와 더불어 우리가 살고 있는 우주에 대한
심오한 통찰력을 지닌 사람이었다.

인류의 미래 – 외계인, AI, 우주 탐사 P80
호킹은 영국의 위대한 과학자인가? – 호킹의 위상 P86
호킹의 **가르침** – 만남과 회고 P92

ANDRE PATTENDEN

GETTY

호킹과 인류의 미래

호킹은 인류가 맞이하게 될 승리와 재앙을 예측하기 위해
언제나 경계를 늦추지 않았다.

글_브라이언 클렉

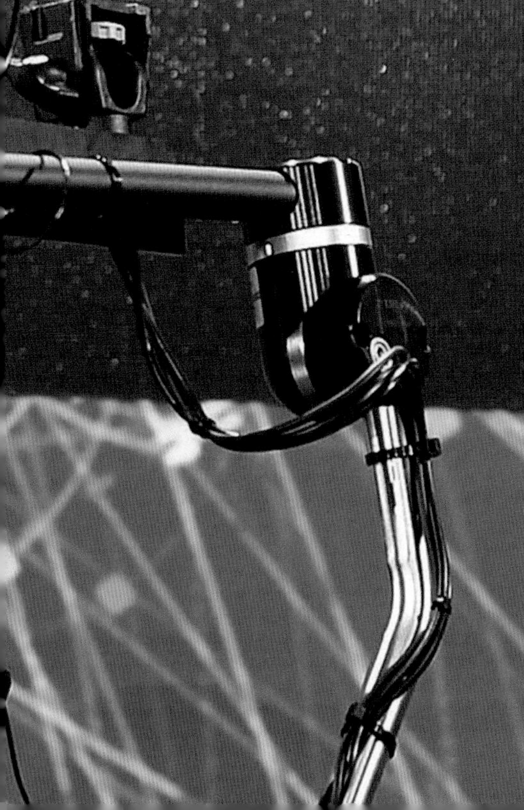

오른쪽: 폰 노이만 탐사선은 심우주를 탐사할 수 있을 것이다. 이들은 새로운 세계로 이동해 자가 복제에 필요한 물질을 찾아내며 더 먼 곳을 탐사하기 위해 자신의 후손을 파견한다.

아래: SETI 연구소의 세스 쇼스탁에 의하면 인류가 지난 수 세대 동안 보낸 신호를 감안할 때 외계생명체에 우리의 존재가 노출되지 않을까 하는 우려는 탁상공론에 불과하다.

맨 아래: 2016년 3월, 구글의 AI 프로그램인 알파고가 대한민국의 바둑 최고수 이세돌과의 대국에서 승리했다.

아인슈타인을 제외하면 역사상 어느 물리학자도 스티븐 호킹에 버금가는 대중적 인지도를 가지지 못했다. 말년의 호킹은 이를 최대한 활용하여 인류가 직면한 위기와 기회에 대한 자신의 의견을 적극적으로 표출하곤 했다.

외계인이나 인공 지능의 발명, 통제불능 상태의 컴퓨터 바이러스, 지구 온난화 등 각종 현안에 관한 호킹의 견해는 언론을 통해 쉽게 접할 수 있다. 그러나 그가 미래에 대해 부정적인 시각만 가졌던 것은 아니다. 이는 호킹이 다른 항성에 도달하는 것을 주된 목표로 하는 브레이크스루 이니셔티브Breakthrough Initiative 프로그램에 참여했던 사실만 보아도 알 수 있다. 하지만 가장 강력하게 다가오는 것은 아무래도 그가 보낸 경고 메시지일 것이다.

호킹의 견해를 보다 정확하게 이해하기 위해서는 그의 유머 감각을 염두에 두어야 한다. 그는 심각한 문제에 관해 경고할 때조차 장난스러운 말투를 빼놓지 않았는데, 특히 황색 언론의 반응을 끌어내기 적당한 주제에는 더욱 그랬다. 하지만 어쨌든 간에 호킹의 발언은 항상 흥미로웠다.

외계인이 오고 있다

외계인의 침공으로 인한 위험을 계산하기 위해서는 우선 지적 능력을 가진 외계 생명체가 존재한다는 전제가 선행되어야 한다. 호킹이 1996년 어떤 강연에서 언급했듯이, 45억 년 전 생성된 지구에 생명체가 등장하기 시작한 시기는 약 5억 년 전이다. 이는 생명이 시작되는 것이 그리 어렵지 않음을 의미한다. 하지만 지구상의 모든 생명체들은 하나의 기원을 가진 것으로 추정되기 때문에 인류가 초기부터 나타났을 가능성은 극히 희박하다. 호킹은 지적 생명체로의 진화 가능성 자체가 매우 낮을 것으로 보았고, 또한 진화에 성공한 많은 생명체들도 지구를 떠날 기술을 개발하기 이전에 소행성 및 혜성과의 충돌로 소멸되거나 스스로 파멸의 길을 걸었을 것이라고 추측했다.

그러나 지적 생명체의 희귀성 여부에 관계없이 호킹은 다음과 같이 말했다. "상대성이론에 의하면 빛보다 빠르게 움직이는 것은 없습니다. 그러므로 가장 가까이에 있는 항성까지의 왕복 여행에는 적어도 8년이 소요되며, 은하의 중심까지는 약 100,000년이 걸립니다. 과학 소설에서는 우주의 굴곡이나 덧차원extra dimensions을 통한 여행으로 이러한 난점을 극복하죠. 하지만 제 생각에 이건 영원히 불가능할 겁니다." 호킹은 외계 항성 탐사를 위한 좀 더 가능성 있는 메카니즘으로 자가 복제가 가능한 기계적 생명체를 꼽았다.

이는 1940년대 우주 여행을 꿈꿨던 헝가리 출신의 미국 물리학자 존 폰 노이만John von Neumann의 이름을 따 폰 노이만 탐사선von Neumann probe이라 불리는데 장기간의 비행이 가능하도록 설계된다. 만약 우주에 생명체가 넘쳐 난다면, 이러한 탐사선이 현재 많이 가동 중일 것이며, 지구에도 여러 차례 방문했을지도 모른다. 물론 아직 이에 대한 증거가 발견되지는 않았다.

호킹은 강연에서 브레이크스루 이니셔티브의 일환으로 시행되고 있는, 외계로부터의 신호를 찾아내려는 시도는 충분히 가치 있는 일이라고 주장했다. 하지만 이들 신호에 대해 답신을 보내는 것은 인류가 좀 더 진화할 때까지 보류하는 편이 바람직할 것이라며 다음과 같이 말했다. "지금 우리보다 더 고등한 문명을 만나는 것은 아메리카 원주민들이 콜럼버스를 만나는 것과 마찬가지입니다. 콜럼버스와의 만남 이후 원주민들의 상황이 나아졌다고 생각되진 않는군요."

여러 우려에도 불구하고 호킹은 브레이크스루 이니셔티브 프로그램에 기꺼이 참여했다. 이 프로그램에는 항성으로 송신할 메시지를 만드는 대회도 포함되어 있다. SETI 연구소의 세스 쇼스탁Seth Shostak이 2016년 《가디언》에 기고한 글에서도 알 수 있듯이 외계인에게 메시지를 보내지 않으면 우리의 존재가 드러나지 않을 것이라는 생각은 그다지 현실적이지 않다. "제2차 세계대전 이후 우리는 텔레비전 방송과 고주파 라디오, 심지어 레이더까지 하늘로 쏘아 올리고 있습니다. 물론 외계인들을 즐겁게 하거나 어떤 메시지를 전달하려는 의도에서 비롯된 것은 아니지만, 라디오 전파가 우주로 전송된 것은 틀림없는 사실입니다."

이들 방송파는 항성에 도달할 즈음이 되면 매우 약해질 것이다. 하지만 쇼스탁이 지적했듯이 수광년의 거리를 이동하는 것은 라디오나 텔레비전의 미약한 신호를 잡아내 이를 해독하는 것보다 기술적으로 훨씬 더 어렵다. "그동안 인류는 우리의 존재나 위치를 알리는 메시지들을 무수히 많이 우주로 보냈습니다. 새로 몇 개 더 보낸다고 해서 너무 걱정할 필요는 없겠죠."

지나치게 영리한

인류 생존의 최대 위협은 바로 우리 스스로가 만들어 내고 있다. 인공지능artificial intelligence, AI은 다양한 분야에서 유용하게 사용될 수 있지만, 우리의 통제를 벗어나는 상황을 상상하는 것도 그리 어렵지 않다. 호킹이 2014년 BBC와의 인터뷰에서 지적했듯이, 정교한 AI 소프트웨어는 인간보다 훨씬 빠른 속도로 학습하고 진화한다. 우리는 그다지 심각하지 않은 영역에서 이러한 사실을 이미 확인했다. 실제로 AI는 바둑의 최고수를 상대로 승리를 거두었고, 비디오 게임을 완전히 파악해 인간이 기록한 최고 점수를 경신하기도 하였는데, 심지어 속임수를 쓰는 능력까지도 갖추었다.

호킹은 "인간은 생물학적 진화 속도가 느리기 때문에 AI의 경쟁 상대가 되지 못하며, 결국 대체될 수 밖에 없다"고 말했다. 2015년 그는 엘론 머스크 및 AI 전문가들과 함께 인공지능 개발 시 발생할 수 있는 오류에 대비하기 위해 최대한의 노력을 기울이겠다는 공개 서한에 서명했다.

AI의 위협

자동차나 토스터가 스스로에 대한 인지력을 갖게 되면 어떤 일이 벌어질까?

스티븐 호킹만큼 정보 기술의 혜택을 체감한 사람은 거의 없을 것이다. 하지만 그는 통제 불능의 AI가 지닐 위험에 대해 경고했다. 이러한 위험은 컴퓨터가 우리의 삶에 영향을 줄 수 있는 의사결정 능력을 가지게 될 때 발생할 가능성이 높다.

AI로 인한 위험은 크게 세 종류로 나뉠 수 있다. 가장 가능성이 높은 것은 단순 오류이다. 특정 과제를 수행함에 있어 AI는 인간보다 더 뛰어날 수 있지만 오류를 범할 가능성은 여전히 존재한다. 여기서 문제가 되는 것은 바로 지각perception이다. 현재 전 세계의 교통사고 사망자 수는 연간 100만 명이 넘는다. 만약 모든 자동차가 AI에 의해 조종되며 운전수가 따로 없다고 가정해보자. 이때 교통사고 사망자 수가 절반으로 감소한다면 이것은 50만 명의 목숨이 보존된 것일까, 아니면 AI가 50만 명을 죽인 것일까? 2018년 3월, 무인자동차에 의한 보행자 사망 사고가 처음으로 발생했다.

두 번째 위험은 AI 시스템이 해커의 공격을 받을 가능성이며, 세 번째는 AI가 독립적 사고 능력을 갖추고, 자신이 추구하는 가치를 인류의 가치보다 우위에 놓는 것이다. 호킹은 이 마지막 위협을 가장 강조했다.

이러한 위험이 초래할 수 있는 결과 중 비교적 경미한 것은, AI가 주어진 일에 흥미를 잃고 업무 수행 대신 하루 종일 영화를 보는 것 등이다. 그러나 최악의 시나리오는 인류가 자신의 목표를 달성하는 데 방해가 된다고 판단하는 경우이다. 음식 배급이나 전력 생산에서 방어 체계에 이르기까지 생존에 필수적인 시스템에 접근할 수 있는 악당 AI는 자신의 목표를 달성하기 위해 인류를 전멸시켜 버릴 수도 있다. 공상 과학 소설에서나 나올 법한 이야기로 들리겠지만 호킹은 이러한 가능성까지 염두에 두어야 우리의 안전이 보장될 수 있을 것이라고 주장했다.

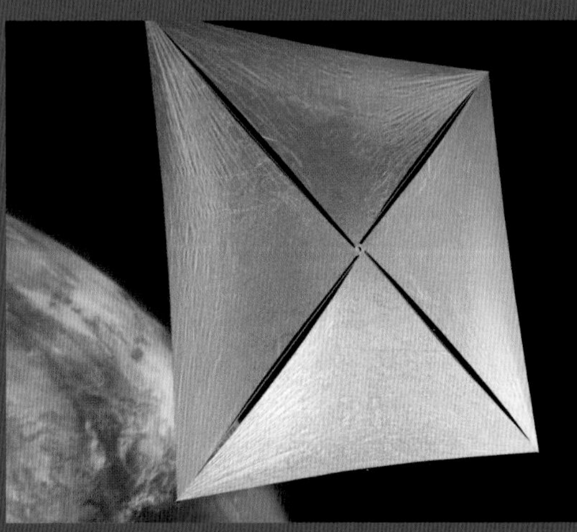

위: 호킹과 러시아의 억만장자 유리 밀너는 브레이크스루 이니셔티브 프로그램 이사회 전체 구성원 3명 중 2명이다(다른 한 명은 마크 주커버그임).

왼쪽: 브레이크스루 스타샷은 항성간 탐사를 목적으로 발사체와 레이저를 이용해 수천 대의 작은 나노크래프트 함대를 우주로 보내려는 프로그램이다.

브레이크스루 이니셔티브

태양계 밖의 문명을 찾아 교신하고 심지어 그곳에 도달하려는 계획이 현재 진행 중이다.

호킹은 외계인들에게 우리의 존재를 알려주는 것이 위험할 수 있다며 우려를 표하긴 했지만 브레이크스루 이니셔티브의 열렬한 지지자이기도 했다. 이 프로그램은 총 4개로 구성된다. 브레이크스루 리슨Breakthrough Listen은 세티 이니셔티브SETI initiative의 후속으로, 외계로부터 오는 전자기 신호를 추적하는 것이다. 브레이크스루 메시지Breakthrough Message는 지구에서 다른 문명으로 보내는 메시지를 만드는 공모전이다. 브레이크스루 워치Breakthrough Watch는 다른 항성 주위를 도는 행성을 찾으려는 시도이며, 브레이크스루 스타샷Breakthrough Starshot은 항성을 향해 광속의 20% 속도(0.2c)로 작은 무인 탐사선을 보내려는 연구 프로젝트이다. 호킹은 페이스북의 마크 주커버그, 러시아 IT 재벌 유리 밀너와 함께 브레이크스루 스타샷에 적극적으로 참여했다. 이 프로젝트의 목표는 수천 개의 작은 나노크래프트를 만든 다음, 이를 발사체에 실어 날려 보내는 것이다. 이 나노크래프트는 무게가 수 그램에 불과한 작은 기판이지만 카메라, 추진기, 전력저장 시스템, 통신 장비 등을 부착할 수 있다. 이들을 지구 밖으로 발사한 다음, 고출력 레이저를 사용해 원하는 속도까지 가속한다. 속도가 0.2c까지 올라가면 우리 은하에서 가장 가까운 항성계인 알파 센터우리에 도달하기까지 약 20년이 걸릴 것이다. 대다수의 나노크래프트들이 여정 중에 우주먼지 및 우주선cosmic ray과 충돌해 소실되겠지만, 최초의 항성간 탐사를 가능하게 할 정도는 남을 수 있을 것이다.

호킹은 진화에 관해 매우 중요한 비교를 했다. 즉, 인류는 생물학적 진화를 통해 수천 년에 걸쳐 지속적으로 발전해왔지만 AI는 훨씬 빠른 속도로 진화할 수 있다는 것이다. "AI는 자체적으로 진화할 수 있고 엄청난 속도로 스스로를 재설계할 수 있을 겁니다." 호킹은 말했다.

이렇게 말하면 우리는 공상 과학 소설에 나올직한 사악한 기계 집단이 인류를 공격하는 장면을 떠올리지만 호킹의 생각은 약간 다르다. "AI가 지닌 진정한 위험은 악의惡意가 아니라 잠재 능력입니다. 고도로 지능화된 AI는 자신의 목표를 쉽게 달성할 수 있을 텐데, 이들의 목표가 인류의 목표와 일치하지 않는다면 곤경에 빠지는 것은 인간이에요." 그는 컴퓨터 바이러스의 위험이나, 인터넷을 범죄나 테러의 '지휘본부'로 오용하는 것에 대해서도 경고했다.

이제 어디로 가야 하는가

호킹은 인류가 직면한 각종 위험 요소들 때문에 지구에 더 이상 머무를 수 없게 될 상황에 대해 우려를 나타냈다. 예를 들어 지구가 소행성과 충돌하면 급격한 환경 변화로 인해 지구상의 생명체들이 공룡과 마찬가지로 멸종할 수 있다고 지적했다. 또한 2016년 BBC 리스Reith 강연 후 가진 질의 응답에서는 핵전쟁과 기후 변화, 그리고 유전자변형 바이러스에 의한 위험을 강조했다. 그리고 1년 후 BBC와의 인터뷰에서 다음과 같이 말했다. "우리는 지구 온난화가 비가역적인 상태로 넘어가는 임계점에 가까워져 있습니다. 파리기후조약에서 탈퇴한 트럼프의 행동은 지구를 벼랑 끝으로

맨 왼쪽: 인류가 직면한 핵 위기 및 기후 재난을 고려할 때, 지구 밖 식민지의 건설은 인류의 장기적 생존을 보장하는 핵심 사안일 것이다.

왼쪽: 지구가 기후 변화로 인해, 고온에 황산비를 동반한 금성처럼 거주하기 어려운 상태가 된다면, 우리는 인류의 지속을 위해 다른 항성으로 가는 수 밖에 없다.

아래: 공룡을 멸종시킨 것과 유사한 규모의 또 다른 소행성이 지구와 충돌한다면 인류가 멸망할지도 모른다. 이를 막을 수 없다면 다른 행성에 가서 정착하는 길만이 인류의 전멸을 피할 수 있는 유일한 방법일 것이다.

몰아, 250°C의 고온에 황산비가 내리는 금성과 유사한 상태가 되도록 할지도 모릅니다."

호킹이 브레이크스루 이니셔티브와 같은 프로젝트에 열의를 가지게 된 이유는, 이러한 재앙이 발생하기 전에 우주 식민지를 건설해야 할 필요성을 느꼈기 때문이다. 그는 2016년 인터뷰에서 구체적인 시간까지 언급했다. "1년 내에 지구에 재앙이 발생할 확률은 매우 낮지만 시간이 지날수록 이 확률은 누적될 것이며, 추후 1,000년 또는 10,000년이 지나면 거의 100%에 가까워질 겁니다. 그 시기가 오기 전에 우리는 다른 별을 찾아 우주로 뻗어나가야 합니다. 그래야 지구에서의 재앙이 인류의 종말로 이어지지 않을 수 있겠죠."

2017년이 되자 호킹은 이 기한을 좀 더 단축했으며, 〈새로운 지구를 찾아서The Search For A New Earth〉라는 BBC 다큐멘터리에서는 좀 더 빨리 식민지를 건설해야 한다고 말했다. "인류의 생존을 목표로 모든 상상력과 지적 역량을 총동원한다면 다른 항성을 찾을 수 있을 겁니다. 반드시 찾아야만 해요. 제 생각에는 앞으로 100년 이내에 준비를 마쳐야 할 겁니다."

호킹이 미래에 대해 지나치게 비관적인 것처럼 보일 수도 있다. 하지만 사실 그는, 과학과 기술을 적절히 사용한다면 인류의 종말을 가져올지도 모르는 미래의 도전을 극복할 수 있을 것이라 믿는 낙관주의자에 좀 더 가깝다. 여러 경고에도 불구하고 호킹이 인류에 보내는 메시지는 희망적이라 할 수 있다. F

호킹은 영국의 위대한 과학자인가?

**뉴턴, 소머빌, 패러데이, 다윈, 러브레이스, 켈빈, 맥스웰, 진스…
영국 과학계의 거성들과 비교할 때 호킹의 위상은 어떠할까?**

글_샬롯 슬레이

GETTY X7, ALAMY

1727년 뉴턴이 사망했을 당시, 그는 이미 영국의 영웅이었다. 영국의 시인이자 비평가인 알렉산더 포프Alexander Pope는 그를 추모하며 다음과 같은 묘비명을 작성했다.

자연과 자연의 법칙은 어둠에 잠겨 있었다. 그때 신께서 "뉴턴이 있으라!"고 말씀하시자 온 세상에 광명이 찾아왔다.

이 비문은 원래 웨스트민스터 사원에 안장된 호킹의 묘비에 새겨질 예정이었지만 그를 지나치게 신격화한다고 판단한 당국의 반대로 무산되었다.

스티븐 호킹이 사망한 지 1주일이 채 지나지 않았을 때, 그의 유해가 뉴턴의 곁으로 갈 것이라는 발표가 있었다. 물론 이러한 결정에 반대하는 사람은 아무도 없었다. 하지만 정치인이나 예술가에 비해 웨스트민스터 사원에 묻힌 과학자는 그 수가 훨씬 적다. 왜 우리 사회는 과학자에 대한 추모를 다소 낯설게 받아들이는 것일까?

이에 대해서는 몇 가지 생각해 볼 점이 있다. 사망 직후는 그들의 명성이 지속될지 여부를 결정하기에 너무 성급한 시점이 아닐까? 과학자가 사후의 명예를 위해 대중적 명성을 추구하는 것이 옳은 일일까? 아니면 일부 여성 과학자의 경우에서와 같이 사후의 영예가 생전에 가려졌던 명성에 대한 보상일까? 영웅 만들기가 과거에 대한 판단이라기보다는 살아 있는 자들을 위한 본보기 선정에 좀 더 가까운 것은 아닌가?

이러한 의문을 염두에 두고 스티븐 호킹과 영국의 위대한 과학자들을 비교해 보도록 하자.

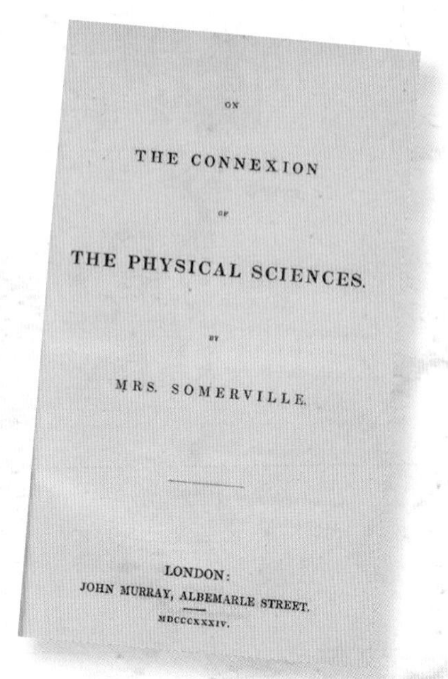
ON

THE CONNEXION

OF

THE PHYSICAL SCIENCES.

BY

MRS. SOMERVILLE.

LONDON:
JOHN MURRAY, ALBEMARLE STREET.
MDCCCXXXIV.

아이작 뉴턴 ISAAC NEWTON 1643-1727

연금술사, 자연철학자, 영국 왕립 조폐국 국장

당대 명성의 주 요인: 광학
오늘날 명성의 주 요인: 중력

호킹의 명성은 영국 과학사상 최초의 진정한 슈퍼스타였던 아이작 뉴턴의 틀에 맞춰 다소 작위적으로 만들어진 부분도 있다. 호킹의 저서인 『시간의 역사』를 완독하는 데 성공한 사람은 거의 없다는 농담이 있는 것처럼, 뉴턴의 명성 역시 그의 책을 읽은 독자가 극소수라는 증언에 기반한다. 뉴턴은 『자연철학의 수학적 원리 Philosophiae Naturalis Principia Mathematica(흔히 '프린키피아'로 불림)』를 집필하면서 부분적으로라도 많은 사람들이 읽을 수 있는 대중적인 방식으로 글을 쓰려 했었으나 이내 마음을 고쳐 먹었다. 볼테르 Voltaire(프랑스의 계몽주의 작가)는 동료인 에밀리 뒤 샤틀레 Émilie du Châtelet(프랑스의 물리학자)처럼 뉴턴의 책을 이해하기 위해 혼신의 노력을 다했지만 결국 절망하며 이렇게 말했다. "(뉴턴은) 진실을 발견했지만 이를 다시 심연의 바닥에 내려놓았다." 오늘날 뉴턴은 만유인력의 법칙으로 잘 알려져 있지만 생존 당시에는 오히려 광학에 대해 저술한 책으로 명성을 떨쳤다. 뉴턴은 사망한 이후 과학적 업적이 아니라 생전에 했던 종교적 발언으로 주목을 받았다. 하지만 이는 사실 그의 매우 기이하고 이단적이었던 믿음과는 거리가 있었다. 당시 상황은 마치 호킹의 과거 발언이 '오늘의 명언'으로 인용되는 것과 마찬가지였을 것이다.

메리 소머빌 MARY SOMERVILLE 1780-1872

자연철학자, 박식가

당대 명성의 주 요인: 물리학과 천문학의 융합
오늘날 명성의 주 요인: 특별히 없음

영국 스코틀랜드 출신의 메리 소머빌은 정규 교육을 받지는 못했지만 주변의 도움과 스스로의 노력으로 상당히 깊이 있는 수준까지 수학을 공부했다. 그녀는 「태양 스펙트럼의 보라색 빛이 지니는 자기적 특성」이라는 제목의 논문을 시작으로 가정 생활을 병행하며 학자로서의 길을 걸었다. 소머빌과 호킹은 모두 '과학의 대중화'에 기여했다는 측면에서 공통점을 지닌다. 소머빌은 피에르 시몽 라플라스 Pierre-Simon Laplace가 쓴 5권짜리 논문인 「천체역학 Traité de Mécanique Celeste」을 일반인도 읽을 수 있도록 쉬운 말로 번역하였는데, 이것은 뉴턴의 중력이론과 당시 천문학의 최신 지견을 융합한 대작大作이었다. 1834년에는 직접 쓴 책이 베스트셀러가 되기도 했다. 그녀는 이 책에서 누구나 이해할 수 있도록 명료한 문장으로 과학의 여러 분야를 접목시켰다. 그러나 영국인명사전에는 소머빌에 대해 "과학 분야의 독창적인 연구에 기여했던 19세기 여성 과학자 중의 한 명은 아니었다"는 인색한 평가가 실렸다. 하지만 이러한 대우는 사실 공정하지 못하다. 그 당시 여성으로서 과학 실험을 하는 것은 매우 어려웠다. 게다가 글을 쓰고 번역하는 일은 결코 수동적인 작업이 아니라, 주변 사람들과 토론하고 한 문장 한 문장 고심하면서 과학을 만들어가는 능동적인 작업이다. 소머빌은 생존 당시 지나치게 대중에 영합한다는 비판을 받기도 했지만 한편으로는 너무 대중적이지 않다는 이야기도 들었다. 그녀가 어떻게 했어도 좋은 평가를 받을 수 없었던 시대였던 것이다.

마이클 패러데이

MICHAEL FARADAY

1791-1867

화학자, 물리학자

당대 명성의 주 요인: 자기장에서 전기를 생성
오늘날 명성의 주 요인: 패러데이 상자

솔직하게 얘기해 보자. 사람들에게 익숙한 스티븐 호킹의 이미지는 〈심슨 가족〉, 〈스타트렉: 더 넥스트 제너레이션〉, 〈빅뱅 이론〉 등 몇몇 TV 프로그램에서 휠체어에 앉은 채 등장했던 모습일 것이다. 즉, 우리가 가지고 있는 스티븐 호킹에 대한 이미지는 대중에게 보여지는 모습이다. 사실 그는 어느 정도 자신을 드러내는 편이었다. 빅토리아 시대의 과학자였던 마이클 패러데이 역시 사람들에게 좋은 인상을 심어주는 것이 얼마나 중요한지 잘 알고 있었다. 그러나 남들에게 잘 보이기 위해 노력하는 것이 천성적으로 맞지 않았던 패러데이는 카리스마 넘치는 영국의 화학자 험프리 데이비Humphry Davy의 공개 강좌를 듣고 자기에게 맞는 해답을 찾았다. 그는 데이비의 조수로 일하게 된 기회를 활용해 영국왕립과학연구소에서 펼쳐질 자신만의 강연을 준비했다. 패러데이는 여러 실험들을 완벽하게 시행할 수 있을 때까지 연습에 연습을 거듭했다. 이 중 가장 잘 알려진 것이 패러데이 상자Faraday cage(위 그림)이다. 패러데이는 연구실 밖에서는 유명 인사들과의 교류조차 거의 없었을 정도로 겸손하고 소박한 삶을 살았다. 그는 명예를 추구하지 않았고 오직 자연에 존재하는 신의 섭리를 밝히고자 했다. 또한 호킹과는 달리 매우 독실한 기독교 신자였다.

찰스 다윈 CHARLES DARWIN

1809-1882

자연과학자

당대 명성의 주 요인: 진화
오늘날 명성의 주 요인: 진화

스티브 호킹과 마찬가지로 찰스 다윈도 평생 동안 질병에 시달렸다. 열대 기생충 감염에서 정신질환 -아마도 〈종의 기원〉의 출간으로 인해 야기될 파장에 대한 불안감이었을 것이다- 에 이르기까지 다양한 추측이 난무하지만, 정확한 병명은 알려져 있지 않다. 원인이 무엇이었든 간에 그는 신음했고, 식은 땀을 흘리며 온몸을 부들부들 떨었으며, 구토에 대비해 항상 빈 통을 곁에 두고 지냈다. 비참한 나날을 보낸 적도 많았지만, 덥수룩한 수염을 지닌 이 빅토리아 시대의 거장은 호킹과 마찬가지로 유머 감각이 뛰어났다. 다윈이 집필하고 있을 때면 그의 아이들은 차를 담아온 쟁반을 썰매 삼아 계단 난간을 미끄럼 타며 내려가야만 하기도 했다. 다윈과 호킹 두 사람은 모두 천진난만한 태도로 자신의 연구에 임했다. 그들은 자연의 기묘함에 매료되었고, 그 오묘한 섭리를 발견하면서 즐거움을 만끽했다. 다윈은 단순한 실험이나 과감한 추측을 통해 자연의 섭리를 밝히는 데 천부적인 재능이 있었다. 지렁이의 청력을 검사하기 위해 아들로 하여금 바순(대형 목관 악기)을 연주하도록 한 유명한 일화도 있다. 에드워드 리어Edward Lear(넌센스의 아버지로 일컬어지는 영국의 시인)와 같은 엉뚱함을 지녔던 것이다. 호킹과 다윈은 유머 감각 외에도, 신의 방식이 우리가 추측하는 것처럼 합리적이지만은 않다는 사실을 입증했다는 공통점도 지닌다.

러브레이스 ADA LOVELACE
1815–1852

수학자

당대 명성의 주 요인: 바이런의 딸
오늘날 명성의 주 요인: 컴퓨터 분야의 여성 선구자

에이다 러브레이스는 찰스 배비지Charles Babbage의 해석기관Analytical Engine(위의 그림에 일부 표시)을 사용할 경우, 인간의 머리와 손을 쓰지 않고도 수학 문제를 풀 수 있으리라는 사실을 직감했다. 그녀는 이 기계가 처리할 수 있는 유형의 방정식을 직접 만들었는데 이는 수학에 대한 깊은 이해가 없었다면 불가능했을 일이었다. 계산 능력을 갖춘 기계가 한 번에 한 가지 이상의 작업을 수행할 수 있을 것이라는 통찰력이 발휘된 이 순간이 바로 오늘날 컴퓨터 과학이라 불리는 학문의 시초였을 것이다. 러브레이스는 역사학적인 관점에서는 미심쩍은 부분이 없지 않지만 문화적인 측면에서는 우리의 영웅상에 걸맞는 매우 중요한 인물이다. 그 이유는 두 가지로 나눠 볼 수 있는데, 첫 번째는 상대적으로 역사가 짧은 과학 분야의 선구자였다는 사실이고, 두 번째는 여성이었다는 점이다. 그녀를 동시대의 남성 과학자와 동일 선상에서 비교하는 것은 적절하지 못하다. 재능 면에서는 뒤질 것이 없었지만 그녀가 성취할 수 있었던 업적은 제한적일 수 밖에 없었기 때문이다. 여성이라는 굴레에 속박되어 있었던 그녀의 삶은 암으로 인해 조기에 마감되고 말았다.

윌리엄 톰슨
WILLIAM THOMSON (LORD KELVIN)
1824-1907

물리학자

당대 명성의 주 요인: 태양의 소멸을 예측
오늘날 명성의 주 요인: 켈빈 온도

톰슨은 생각의 스케일이 컸고 물리학과 철학 사이에서 절묘하게 균형을 유지했다. 그는 전기, 자기, 열 그리고 물질의 움직임을 설명하는 단일 이론을 통해 물리학을 통합하고자 했을 뿐 아니라, 종교적으로도 이를 하나님의 목적에 부합시키고자 했다. 칼뱅주의 장로교 집안에서 태어난 그는 우주에서의 에너지 소멸(그의 열역학 제2법칙)을 타락한 세상의 특징으로 간주할 수 밖에 없었다. 에너지를 만든 것은 신이었지만 이것이 소멸되거나 낭비되지 않도록 하는 것은 인간의 몫이었다. 톰슨은 근면과 부의 표본이기도 했다. 그는 70개 이상의 기술 특허를 등록해 재산을 축적했는데, 특히 당시 주목 받던 전신 분야의 특허를 많이 보유했다. 하지만 그는 좀 더 근본적인 문제에 관한 고민을 멈추지 않았다. 말년에는 태양과 지구 나이의 계산을 고집스럽게 반복했으며, 후대 물리학자들의 눈에는 이러한 모습이 강박관념에 사로잡힌 행동으로 비춰지기도 했다. 톰슨이 추정한 태양의 소멸 시점은 다행히 먼 미래에 해당되지만 그의 뒤를 이어 여러 과학자들이 각기 다른 계산 결과를 내놓았고, 이로 인해 세기말 빅토리아 시대에 살던 사람들은 인류의 종말이 임박했을지도 모른다는 두려움에 사로잡히게 되었다.

GETTY X7

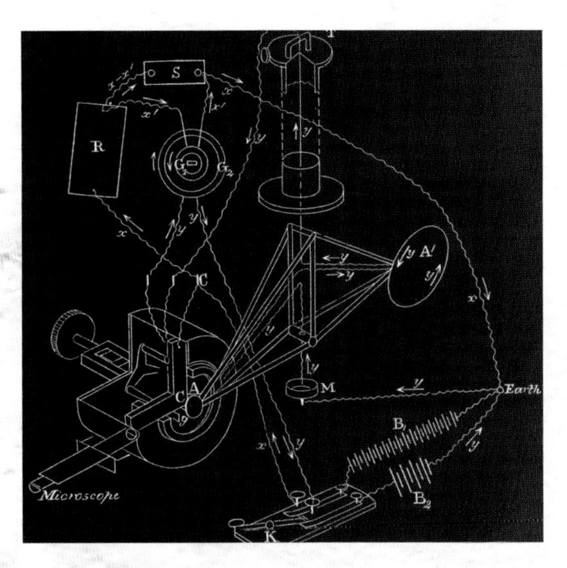

제임스 클러크 맥스웰

JAMES CLERK MAXWELL

1831-1879

물리학자

당대 명성의 주 요인: 물리학의 통합
오늘날 명성의 주 요인: 맥스웰의 도깨비

제임스 클러크 맥스웰은 오늘날 대중에게는 비교적 낯선 존재이지만 그가 살아있던 당시에는 거물급 과학자로 통했다. 그는 뉴턴에 이어 두 번째로 물리학의 대통합을 이룬 것으로 평가받았다. 즉, 뉴턴은 우주에서도 지구에서와 마찬가지로 역학의 법칙이 동일하게 적용된다는 사실을 입증했으며, 맥스웰은 빛, 전기, 자기를 통합한 단일 이론을 구상했던 것이다(이를 위해 필요한 도구가 위의 그림에 도식화되어 있다).

이러한 측면에서 본다면 그는 오늘날 상대성이론, 양자역학, 그리고 열역학을 하나로 묶는 물리학의 대통합 이론에 도전한 호킹에 견줄 수 있을 것이다. 다만 맥스웰의 경우 그 명성이 다소 늦게 찾아온 것이 문제였다. 말년의 맥스웰은 국제적으로 널리 알려져 있었지만 그의 이론에 대한 정당성은 그의 사후에야 확인되었다. 인생의 후반부에 접어들면서 맥스웰은 과학자로서의 삶을 영위했다. 그러나 그는 스스로를 전문적인 과학자라고 생각하지 않았고 자신의 저서에서 밝혔듯이 과학의 신사적인 면만을 추구했다. 그의 방정식은 20세기 미디어 기술에서 핵심적인 역할을 담당해 왔지만 이러한 사실은 대중에게 잘 알려지지 않았다. 맥스웰 자신도 아마 그러길 바랄 것이다.

제임스 진스 JAMES JEANS

1877-1946

수학자, 천문학자

당대 명성의 주 요인: 우주의 미스터리에 관한 저술
오늘날 명성의 주 요인: 잘못된 주장

1920년대 물리학에 대한 대중의 관심은 가히 폭발적이었다. 새롭게 단장한 BBC는 과학 강연을 전체 프로그램 편성표의 전방에 배치했고, 대중의 기호에 맞춘 잡지와 단행본도 쏟아졌다. 아인슈타인이 새롭게 주장한 상대성이론이 논의의 주제로 선택되는 경우도 빈번했다. 복사 및 양자이론에 관한 연구로 명성을 얻은 제임스 진스는 상대성이론을 비롯해 물리학과 천문학의 여러 주제를 대중에게 전달하는 역할을 담당하곤 했다. 그는 이러한 과정을 통해 오늘날의 호킹에 버금갈 정도로 유명해졌다. 신학과 우주에 대한 고찰을 담은 그의 베스트셀러 『신비로운 우주The Mysterious Universe』는 『시간의 역사』와 마찬가지로 대중의 마음을 사로 잡았다. 진스는 다소 거만하고 냉소적인 성격을 가지고 있었기 때문에 오늘날의 미디어 문화에서는 성공하기 어려웠을 것이다. 하지만 그가 활동했던 20세기 중반에는 이러한 태도가 오히려 위대한 과학자의 모습이라고 여겨졌다. 그는 말년에 정상우주론을 주장했지만 이는 그가 사망한 지 얼마 지나지 않아 빅뱅이론에 압도되고 말았다. 더불어 그의 명성도 빠른 속도로 완전히 소멸되었다. 과학에서 영웅주의는 때로 이처럼 잔혹한 결말을 맞이하기도 한다.

호킹의 가르침

우주의 신비를 밝힐 때뿐만 아니라 선술집에서 농담을 건넬 때조차
호킹은 학생과 동료, 그리고 팬을 비롯해 동시대를 살아가는 모든
사람들에게 엄청난 영향을 끼쳤다.

레너드 믈로디노프

DR LEONARD MLODINOW

물리학자.
스티븐 호킹과 함께 여러 권의 책을 저술했다.
저서: 『위대한 설계The Grand Design』, 『짧고 쉽게 쓴 '시간의 역사' A Briefer History of Time』

"스티븐의 놀라운 면 중 하나는 절대 포기하지 않는다는 점입니다. 우리는 단어 하나하나를 놓고 논쟁을 하곤 했어요. 그가 자신의 입장을 피력하기 위해서는 정말 많은 노력이 필요했죠. 하지만 그는 결코 포기하지 않았습니다. 자신의 최대 장점이자 단점은 바로 고집스러움이라고 호킹도 인정했습니다. 고집스러움이 없었다면 아마도 삶을 헤쳐나가지 못했을 겁니다.

『위대한 설계』의 원고를 마감하던 날 밤이 생각나는군요. 우리는 그 책을 무려 4년 동안 작업했습니다. 그는 좀처럼 끝내려는 기색을 보이지 않았었고, 계속해서 마감일을 연장하곤 했어요. 원래는 1년 반 동안 쓰기로 한 책이었거든요. 더 이상 참지 못한 편집자가 이렇게 공언했죠. "집필이 끝났건 아니건 간에 이제 책을 출간할 겁니다." 선인세로 받았던 돈을 돌려주려고 했던 기억도 납니다. 한 장을 마무리하고 다음 장으로 넘어가려고 하면 늘 이렇게 말했어요. "아직 아니야. 잘 쓰기만 한다면 언제 끝내는지는 중요하지 않아." 호킹은 정말 마지막 순간에 원고를 넘겼어요. 마감일 저녁 8시였죠. 마지막 몇 시간 동안 어떤 문제에 대해 사소한 언쟁을 벌이기도 했습니다. 하지만 그는 문제를 해결하기 위해 대화를 잘 이끌었고, 결국 마지막 순간에 합의할 수 있었죠. 정말 다행이라고 생각했어요. 우리가 해냈다는 걸 믿을 수가 없었죠. 그가 저를 쳐다보며 말했습니다. "마감일이 정해져 있어서 다행이야. 그렇지 않았다면 영원히 끝내지 못했을 테니까."

호킹은 유머 감각 또한 뛰어났습니다. 정말 환한 미소를 짓곤 했고 얼굴 표정이 풍부했어요. 표정으로 '예', '아니오'를 표현했습니다. 때로는 자판을 잘못 눌러 이상한 문장이 튀어나오기도 했어요. 아마도 캐시에 저장되어 있던 내용이 나왔을 겁니다. 예를 들면 이런 거죠. "저녁은 어디서 먹을까요?"라고 물으면 "아리스토텔레스에서 폭발한 초신성의 청개구리"라고 대답하는 겁니다.

한번은 그의 간병인이 캠강The Cam에 가서 펀트배(길고 좁으며 바닥이 납작한 배)를 타자고 저를 초대한 적이 있었어요. 설마 하면서 스티븐의 의사를 물었는데 그는 의외로 흔쾌히 가겠다고 했습니다. 강가에 도착했는데 배를 타는 곳까지 가려면 긴 돌계단을 지나야 했죠. 그래서 휠체어를 세워 놓고 그를 안고 내려갔습니다. 하지만 간병인들은 제가 스티븐을 안는 방식을 마음에 들어 하지 않았어요. 아마도 머리를 제대로 받치지 못했나 봅니다. 결국 두 명의 간병인들이 스티븐을 안았어요. 그녀들의 체중은 43kg였고, 저는 84kg였는데 말이죠. 저는 지갑만 들고 따라 갔습니다. 선착장에 도착하자 그들은 제게 지팡이를 건네며, 잘못하면 배가 뒤집힐 수 있으니 조심해서 배에 오르라고 했습니다. 저는 생각했죠. '이 배가 뒤집히면 스티븐은 죽겠구나. 내가 스티븐 호킹을 죽일 수도 있겠군.' 하지만 그는 전혀 걱정하는 표정이 아니었어요. 미소를 띤 채 가만히 앉아있었죠. 그는 진정 두려움을 몰랐습니다.

우리가 물리학에 관한 책을 같이 쓴 건 물리학이 너무나도 아름답기 때문입니다. 제 말 뜻을 이해할 수 있는 분이라면 누구나 공감하리라 생각해요. 스티븐의 생각도 저와 같았을 겁니다. 그는 『시간의 역사』가 아주 명료하게 쓰여졌다고 생각하지 않았어요. 그래서 『짧고 쉽게 쓴 '시간의 역사'』를 같이 쓰게 된 겁니다. 스티븐은 『시간의 역사』가 가장 많이 팔렸지만 가장 안 읽힌 책이라고 했어요.

영화 〈사랑에 대한 모든 것〉에 대해서는 "상당히 정확하다"고 평했습니다. 사람들은 이를 영화 내용에 공신력을 주는 말로 해석하죠. 하지만 저는 그를 잘 압니다. 그가 그렇게 말할 때에는 세부 사항은 정확하지 않은 부분도 있다는 뜻입니다. 그는 완벽주의자였거든요. 호킹 복사에 대한 아이디어가 떠오르는 장면이 특히 마음에 걸립니다. 수개월, 수년에 걸쳐 고민하고 때로는 절망하면서 얻어낸 결과라는 걸 잘 알거든요. 하지만 영화에서는 벽난로를 주시하며 불씨가 폭발하는 모습을 지켜봅니다. 그리고는 모두가 박수치는 장면으로 넘어가죠. 그렇게 간단한 일이 아닌데 말입니다. 호킹 복사의 발견 역시 그의 고집스러움이 없었다면 불가능했을 겁니다."

마틴 리스

LORD MARTIN REES

왕립 천문대장, 우주론자, 천체물리학자.
저서: 『여섯 개의 수Just Six Numbers』

저는 스티븐의 2년 후배였어요. 제가 케임브리지에 합류할 때 그는 이미 박사 과정을 밟고 있었거든요. 그를 처음 알게 된 건 ALS 진단을 받을 무렵이었습니다. 그 때 이미 지팡이를 짚고 천천히 걷고 있는 상태였어요.

당시 스티븐은 얼마 살지 못할 것으로 여겨졌습니다. 많은 사람들은 박사 학위를 마치지 못할 걸로 생각했죠. 스티븐도 추후 회고하기를, 학위를 받고 결혼을 하자 짙게 드리워져 있던 우울증이라는 구름이 걷히기 시작했고, 미래에 대한 희망을 가질 수 있게 되었다고 했어요.

그는 분명 뛰어난 수학적 재능과 통찰력, 그리고 의지력의 소유자였습니다. 과학적인 측면만 놓고 보더라도 스티븐은 지난 반세기 동안 중력에 대한 이해를 증진시킨 주요 인물 중 한 명이라고 생각합니다. 특히 블랙홀에 대한 이해를 높이는 데 커다란 공헌을 했지요.

그가 1974년에 발표했던 소위 '블랙홀 폭발' 논문은 아인슈타인의 일반상대성이론을 미시 세계에 통용되는 양자이론과 정량적으로 결합하려고 한 최초의 시도였다는 점에서 무척 중요합니다. 이 논문은 40년 이상 지난 오늘날까지도 논의가 될 정도로 영향력을 가지고 있습니다.

그에게 큰 의미가 되었던 두 번째 사건은 1988년 『시간의 역사』의 출간이었습니다. 이 책은 엄청난 베스트셀러가 되었죠. 모든 사람이 놀랐고 스티븐 자신도 놀라지 않을 수 없었습니다.

이 책 덕분에 스티븐은 세계적인 스타의 반열에 올라서게 되었습니다. 사람들은, 점차 무력해지는 육체에 갇혀 있음에도 불구하고 우주를 탐구하는 호킹의 인간적인 면모에도 관심을 가지게 되었죠. 이는 그가 봉사 활동에 참여하는 계기가 되기도 했습니다.

저는 모든 사람은 과학을 통해 엄청난 만족감을 얻을 수 있고, 심지어 장애가 있다 하더라도 온전하고 다양한 삶을 누릴 수 있다는 사실을 호킹에게서 배울 수 있다고 생각합니다. 그가 선택한 연구 분야는 여전히 매혹적이며 도전을 기다리고 있습니다. 젊은 세대가 그의 뒤를 이어 뛰어난 업적을 쌓을 수 있길 희망합니다.

결코 평범하지 않은 삶이었지만 호킹은 남들과 같이 평범하게 지내려고 노력했습니다. 절망적인 장애, 특히 의사소통의 어려움에도 불구하고 그는 음악을 듣고 공연을 즐겼죠. 이국적인 곳으로 여행을 다녔고 핵무장 해제, 팔레스타인 문제, 그리고 NHS와 같은 주요 사회적 이슈의 해결을 위해 헌신하기도 했습니다.

스티븐과 저는 데니스 시아마Dennis Schiama에게 배울 수 있어서 운이 좋았다고 생각합니다. 그는 진정 영감을 주는 스승이었어요. 관측과 이론의 두 분야를 모두 꿰뚫어 볼 수 있는 통찰력을 바탕으로 유용한 조언을 많이 해주었습니다.

데니스는 스티븐에게 런던으로 가서 로저 펜로즈의 강의를 들어보라고 권했습니다. 펜로즈는 새로운 수학적 기법을 개발해 특별한 대칭이 없을 때에도 중력 붕괴gravitational collapse를 다룰 수 있었습니다. 스티븐은 펜로즈의 강의를 들었고, 그와 함께 쓴 초창기 논문들에서 이들 기법을 사용하기도 했습니다. 그 분야의 대가였던 로저 펜로즈로부터 자극을 받을 수 있었다는 점에서 행운이었다고 할 수 있겠죠. 또한 그 즈음은 관측을 통해 빅뱅이나 블랙홀에 대한 최초의 증거가 드러나던 시기였습니다. 이러한 주제에 대해 젊은 학자가 뛰어들기에 적합한 시점이었던 거예요.

스티븐은 이제 막 주목 받기 시작한, 그리고 자신의 재능에 딱 들어맞는 주제를 연구할 수 있었다는 점에서도 운이 좋았다고 할 수 있습니다.

GETTY

JOHN EVELYN
EVEREST

짐 알칼릴리

JIM AL-KHALILI

대중과의 과학 소통에 대한 공로로
스티븐 호킹 메달 초대 수상.
저서: 『생명, 경계에 서다Life On The Edge』

스티븐과 처음으로 대화를 한 건 2010년 아니면 2011년경이었습니다. 그는 로열 앨버트 홀에서 강연을 했는데 제가 소개를 맡았었죠. 저는 그와 대화를 하면서도 볼 근육이 움직이면 '아니오', 눈썹이 움직이면 '예'를 나타낸다는 사실을 몰랐습니다. 그가 반응을 보인다고 생각하지 않았기 때문에 저 혼자 그냥 수다를 떨어야 했죠. 잠시 후 그의 간호사가 물었습니다. "스티븐과 대화해 본 적이 있으세요? 그의 말을 알아들으시겠어요?" 모르겠다고 대답하자 그녀가 말했어요. "박사님은 벌써 여러 차례 '예', '아니오'로 의사표시를 하셨는데, 선생님께서 계속해서 말씀하시느라 눈치 채지 못하셨을 거예요."

그날 밤 강연은 정말 대단했어요. 홀에는 6천 명이 모여 있었는데, 우주론과 자신의 삶에 관해 강의하는 1시간 30분 내내 청중들은 모두 한 마디도 하지 않고 조용히 경청했어요. 그는 녹음된 목소리를 틀어줄 수도 있었지만 직접 강연하겠다고 고집했죠. 무대에 꼼짝 않고 앉아 있는 대신, 음성합성기를 켜고 한 문장 한 문장씩 직접 라이브로 강연을 했습니다.

두 번째 만남은 그에게서 직접 스티븐 호킹 메달을 수여 받을 때였습니다. 정말 영광이었죠. 과학계의 거물급 인사들이 많이 모여 있었어요. 정말 특별한 순간이었습니다. 제가 진행한 양자물리학에 관한 TV 시리즈를 보고 저를 수상자로 선택했을 겁니다.

사실 좀 아이러니한 상황이었죠. 생각해보면 과학 대중화에 공헌한 사람에게 주는 그 메달은 스티븐 호킹 자신이 받아야 했을 겁니다. 『시간의 역사』가 영국에서 성경보다 많이 팔렸다는 점을 고려한다면 말이죠. 저는 현재 영국 서리대학교 물리학과 입학 사정관도 겸하고 있기 때문에 지원자들의 자기 소개서를 모두 읽게 되는데, 많은 학생들이 『시간의 역사』를 읽고 물리학으로 진로를 결정했다고 하더군요. 저도 과학 다큐멘터리 제작을 비롯해 여러 일을 하면서 대중에게 다가가려고 하지만 스티븐 호킹이 영향을 끼친 사람들과는 그 수를 비교할 수가 없습니다. 〈심슨 가족〉에 출연한 것만 봐도 그래요. 학계에 있는 사람들로서는 엄두를 못 낼 일이죠. 그렇기 때문에 이 메달은 제게 정말 특별한 의미를 지니며, 특히 스티븐으로부터 직접 받게 되어 그 의미가 더합니다.

저는 스티븐이 대중을 상대로 과학을 전달하는 방식을 완전히 새롭게 바꿨다고 생각합니다. 『시간의 역사』가 아직 출간되기 전이니 제가 대학생이던 1980년대였던 것 같아요. 당시에도 존 그리빈, 프랭크 클로즈, 폴 데이비스, 존 배로우 등 과학의 대중화를 시도한 사람들이 있었습니다만 과학책 시장은 여전히 좁았어요. 과학에 관심이 있는 사람들, 스스로 찾고자 하는 사람들을 위한 것이었죠. 『시간의 역사』가 출간되자 모든 사람들이 한 권씩 구매했습니다. 실제로 읽지는 않더라도 커피 테이블에 올려 두고 싶어 했지요. 그 이후로 일반인을 대상으로 한 과학 커뮤니케이션이 급속도로 활성화되었고, 또 대접을 받기 시작했습니다. 이전까지만 해도 과학자라면 연구를 해서 노벨상을 수상하거나 아니면 커뮤니케이터가 되거나 둘 중 하나였습니다. 위대한 과학자이면서 대중과의 소통에도 능했던 사람은 리처드 파인만을 비롯해 극소수였어요. 호킹은 바로 그런 사람이었습니다. 그는 위대한 과학자이면서 대중과의 소통에도 능했습니다.

스티븐으로 인해 사람들은 이렇게 생각하게 되었습니다. "과학을 하고 싶지만 다른 이들에게 잘 설명해주는 사람도 되고 싶다." 이는 정말 중요하고, 존중되어야 할 태도입니다. 이전까지는 이렇게 생각했었거든요. "똑똑하면 그에 걸맞게 연구나 실험을 해야지. 대중과의 소통은 그런 일을 못하는 사람들의 몫이야." 스티븐은 이런 생각을 바꿨습니다. 대중과 소통하는 면에서 게임의 규칙을 바꾼 셈이죠. 그는 아인슈타인 이래로 가장 유명한 과학자가 되었습니다.

출판업계에 종사하는 사람이라면 누구나 『시간의 역사』가 모든 것을 바꿨다고 말할 겁니다. 호킹 덕분에 우주와 시간에 관한 책이 멋진 책이 되었거든요.

“스티븐은
이런 생각을
바꿨습니다. 대중과
소통하는 면에서
게임의 규칙을 바꾼
셈이죠.”

크리스토프 갈파르

DR CHRISTOPHE GALFARD

작가, 과학 커뮤니케이터.
스티븐 호킹의 박사 과정 학생이었음.
저서: 『우주, 시간, 그 너머The Universe in Your Hand』

"저는 2000년부터 2006년까지 호킹 교수님의 박사 과정 학생이었습니다. 그의 명성 때문에 주눅이 든 적은 없었어요. 학문의 세계에서는 사실 별로 상관없는 일이었으니까요. 하지만 그는 항상 가장 중요한 문제들을 해결하고자 했기 때문에 그런 면에서는 같이 작업하기가 정말 어려웠습니다. 그의 관심을 끄는 것들은 이론물리학에서 가장 난해한 문제들이었죠.

그는 한 세기에 손꼽힐 만한 정도의 과학자들만 지니고 있을 통찰력의 소유자였습니다. 단순한 수식을 넘어 큰 그림을 볼 수 있었어요. 저는 M-이론이라 불리는, 일종의 끈이론에 관해 그와 함께 연구했습니다. 또한 블랙홀이 우주에서 정보를 누설하는 것으로 보인다는 블랙홀 정보 역설에 관해서도 그와 함께 연구했습니다. 제가 새로운 결과를 가져갈 때마다 그는 어느 부분이 중요한 지를 바로 알려주곤 했어요.

호킹은 자신의 동료 및 학생들과 가능한 많은 시간을 함께 보내려고 했습니다. 과학에 관한 잡담을 하지는 않았지만 그와 함께 한 시간은 언제나 즐거웠어요. 농담도 잘 던졌고 영화에 관해 이야기하기도 했으며 괜찮은 식당을 추천하기도 했죠. 그리고 우리 중 누군가의 생일이면 저녁을 사주며 축하해 줬어요. 그는 자신의 생각과 시간, 그리고 삶의 즐거움을 아낌없이 나누어 주었습니다.

어떤 일이든지 시작하는 순간에 가장 충만한 느낌이 듭니다. 무언가에 대해 막 이해하기 시작할 때 당신의 손을 붙잡고 방법을 알려주는 사람이 있죠. 제게는 호킹이 바로 그런 사람이었어요. 그와 함께 한 6년의 시간은 제 인생에서 가장 풍요롭고 만족스러운 시간이었습니다."

마리카 테일러

PROFESSOR MARIKA TAYLOR

영국 사우샘프턴대학 소속 이론물리학자.
스티븐 호킹의 박사 과정 학생이었음.

"1995년, 박사 논문 주제를 상의하기 위해 호킹과 처음 만났습니다. 저는 사실 약간 긴장한 상태였지만 호킹은 바로 본론으로 들어가 물리학에 관해 이야기했고, 끈이론에 대한 논문 목록을 건네 주었어요. 당시 호킹은 이미 유명인사였습니다. 제가 학부생일 때 기숙사 바로 뒤에 그의 아파트가 있었는데 제 친구들이 호킹의 모습을 보기 위해 제 방에 놀러 오곤 했었죠.

그는 건강상의 이유로 인해 종이에 문제를 적고 풀 수가 없었어요. 그렇기 때문에 박사 과정 학생들의 역할이 무척 중요했습니다. 그들이 호킹 대신 계산을 하고 그가 생각을 전개해 나갈 수 있도록 도와줘야 했습니다. 스티븐과 함께 일하면서 연구의 최전선에 있을 수 있었죠.

점심시간에는 정치나 영화, 음악에 관해 대화를 나눴어요. 그는 다방면에 관심이 많았고 예술 영화를 좋아했지만, 말하는 돼지가 주인공으로 나오는 〈꼬마 돼지 베이브Babe〉라는 영화를 재미있게 봤다고 말하던 모습이 기억납니다. 그는 정말 멋진 미소를 가지고 있었어요. 음성합성기를 통해 간결하게 의사소통을 해야 했기 때문에 단문 구사의 달인이 되었죠. 한번은 다 같이 술집에 간 적이 있는데, 그가 갑자기 일어나더니 음성합성기의 볼륨을 높이고는 "커밍아웃할게요(I'm coming out)"라고 선언했어요. 사실 블랙홀 정보 역설에 관한 생각을 바꾸겠다는 뜻이었지만 그의 말은 술집에 있던 모든 손님을 놀라게 했죠. 그는 아이디어와 열정, 그리고 창의성으로 가득 찬 사람이었어요. 그의 온화함과 유머 감각이 그리울 거예요."

BBC, BRAM SAEYS

헬렌 체르스키

DR HELEN CZERSKI

이론물리학자, 칼럼니스트.

BBC 다큐멘터리 진행자.

저서: 『찻잔 속 물리학The Storm in a Teacup』

"어렸을 때 『시간의 역사』를 선물 받았습니다. 이상하고 난해한 개념을 명료하게 풀어나가는 스티븐의 방식에 매료되었어요. 어느 순간 모든 게 이해가 되기 시작했으니까요. 상대성이론에서 접하게 되는 시간 팽창이나 중력의 개념과 같은 것들도 이상하게 느껴진 적이 없었어요. 처음 접한 순간 너무나도 명료한 설명을 접했기 때문이죠. 더할 나위 없는 시작이었어요.

물론 『시간의 역사』가 그 분야의 유일한 책은 아니었지만, 분량이 많지 않았고 천천히 따라가다 보면 이해가 되도록 기하학적 논리가 간결하게 전개되어 있었습니다. 그 책을 읽고 나니 이후에 접한 모든 책들을 쉽게 읽을 수 있게 되었습니다. 제대로 된 설명을 들으면 이해가 쉬워지죠. 호킹은 제대로 된 설명을 할 수 있는 사람이었어요. 덕분에 기초를 튼튼하게 다졌고, 이를 바탕으로 살을 붙여갈 수 있었습니다.

훌륭한 과학자라고 해서 반드시 훌륭한 커뮤니케이터는 아닙니다. 하지만 영국왕립과학연구소와 같이 과학자들이 자신의 생각을 말하는 자리는 오래 전부터 있었습니다. 호킹은 그런 전통의 일부였어요. 그와 리처드 파인만, 칼 세이건 등이 대표적인 인물이었죠. 명확한 사고를 바탕으로 간결하게 설명할 수 있는 사람들은 꽤 많습니다. 훌륭한 과학의 비결은 훌륭한 커뮤니케이션의 비결과 다를 바 없다고 생각해요. 당신이 하는 일에 대해 명확하게 생각하고 우선 순위를 정하는 겁니다. 그게 가능하게 되면 정말 강력한 도구를 얻게 되죠.

저는 사실 과학 커뮤니케이션이라는 용어를 별로 쓰고 싶지 않습니다. 그건 마치 외국어로 말을 하고 무슨 말인지 번역해야 하는 것처럼 들리거든요. 커뮤니케이션은 적절한 단어가 아니에요. 공유라고 표현하는 게 더 바람직할 겁니다. 당신의 생각과 열정을 남들과 공유하는 거죠. 커뮤니케이션이라고 말하면 마치 언덕 위에 올라가 신호용 깃발을 흔들며 복잡한 내용을 전달하려고 하는 것과 같아요. 과학은 사실 모두 공유하는 것입니다. 과학자들은 항상 자신의 생각을 타인과 나누죠. 이러한 생각의 공유를 바탕으로 원리가 만들어집니다. 대중과 생각을 공유하는 습관은 지난 수십 년간 잊혀졌지만 사실 과거에는 매우 흔했습니다. 빅토리아 시대만 보더라도 과학자들은 항상 과학을 공유했어요. 그래야 보수를 받을 수 있었거든요. 저는 스스로를 과학 커뮤니케이터라고 생각하지는 않습니다. 저는 이상한 나라에서 온 특사가 아니에요. 세상에 관한 저의 관점과 그동안 발견해 온 근거에 입각해 터득한 세상의 작동 원리를 말할 뿐입니다.

과학은 아마도 가장 위대한 인류 공동 작업의 산물일지도 모릅니다. 우리가 세상에 관해 아는 것들은 여러 세대에 걸쳐 수천 명의 과학자들이 쌓아온 지식에서 비롯되죠. 그러한 지식을 바탕으로 하나씩 더 쌓는 것이 바로 과학이 발전해 온 방식입니다. 문제는 사람들이 존재하지도 않는 장벽을 만든다는 거예요. 호킹에게는 그러한 장벽이 없었습니다. 그래서 그가 알고 있는 모든 지식을 남들에게 나누어 준 것입니다.

호킹은 나이가 들면서 다양한 역할을 맡게 되었습니다. 그는 휴머니스트였고 사후세계를 믿지 않았어요. 또 지역 사회와 NHS를 지키기 위해 부단히 노력했죠. 과학이 아닌 다른 분야에서도 어떤 시각을 견지해야 하는지 알려주기 위해 많은 노력을 했습니다. 과학은 사회와 분리된 것으로 여겨지기도 하지만, 그는 이러한 생각이 틀리다는 사실을 명확하게 보여 주었어요.

스티븐은 사람들에게 많은 영향을 줄 수 있는 위치에 있었습니다. 지나가는 사람을 붙잡고 과학자 이름을 대보라고 하면, 그는 아마도 가장 빈번하게 언급되는 사람일 겁니다. 그가 위대한 이유는 한 가지에만 몰두하지 않았기 때문이에요. 뛰어난 과학자이자 탁월한 커뮤니케이터였지만 그 외에도 많은 일을 했습니다. 신체적 장애에도 불구하고 말이죠. 그는 결코 완벽한 사람은 아니었어요. 한낱 인간에 불과했고 우리들과 마찬가지로 결점투성이였죠. 하지만 그는 여러 가지 일을 해내는 것이 가능하다는 것을 보여주었고, 그의 뒤를 잇는 사람들에게 나아갈 방향을 제시했습니다."

스티븐 호킹의 말

STEPHEN HAWKING IN HIS OWN WORDS

"It would not be much of a Universe if it wasn't home to the people you love."

"당신이 사랑하는 사람이 존재하지 않는 우주라면 별 의미가 없을 것이다."

"God may exist, but science can explain the Universe without the need for a creator."

"신은 존재할지도 모르지만 과학은 창조자의 도움 없이도 우주를 설명할 수 있다."

"My goal is simple: it is a complete understanding of the Universe, why it is as it is and why it exists at all."

"나의 목표는 단순하다. 우주가 왜 지금과 같은 모습을 하고 있는지, 왜 존재하는지를 완벽하게 이해하는 것이다."

"I want to show that people need not be limited by physical handicaps as long as they are not disabled in spirit."

"나는 정신적 장애가 없는 사람이라면 신체적 장애 때문에 하지 못할 일은 없다는 사실을 보여 주고 싶다."

"When you are faced with the possibility of an early death it makes you realise that life is worth living and that there are a lot of things you want to do."

"젊은 나이에 죽을지도 모른다는 사실과 직면하면, 삶의 진정한 가치와 더불어 생전에 하고 싶은 일이 많다는 사실을 새삼 깨닫게 된다."